恋家小书

love♥HOME Idea

享受精致生活的 158 个创意

[日]玛丽（Mari）著

宋玮 译

U0316772

机械工业出版社
CHINA MACHINE PRESS

本书是人气博客女王玛丽（Mari）快乐享受多彩生活的创意集。

　　在本书中，作者结合丰富的图片，为大家逐一介绍关于室内装饰、餐桌布置、小饰品的搭配、物品收纳、客人招待等方面的方法和技巧。作者在书中使用的均为谁都可以买到的物品（如在无印良品、宜家等店中的品牌），大家可以轻松模仿。

　　如果你想把家变成一个舒适有爱的空间，不妨活用这些物品，模仿玛丽的设计风格亲自设计一番。

love HOME Idea OSHARE NI KURASHI O TANOSHIMU IDEA 158
© Mari 2015
First published in Japan in 2015 by KADOKAWA CORPORATION.
Simplified Chinese Character translation rights reserved by China Machine Press.
Under the license from KADOKAWA CORPORATION, Tokyo.
Through Beijing GW Culture Communications Co.,Ltd.

　　本书由 KADOKAWA CORPORATION 授权机械工业出版社在中国境内（不包括香港、澳门特别行政区及台湾地区）出版与发行。未经许可之出口，视为违反著作权法，将受法律之制裁。

北京市版权局著作权合同登记　图字：01-2015-7908 号。

图书在版编目（CIP）数据

享受精致生活的 158 个创意 /（日）玛丽（Mari）著；宋玮译 . —北京：机械工业出版社，2016.9（2017.5 重印）

　（恋家小书）

ISBN 978-7-111-54582-8

Ⅰ . ①享…　Ⅱ . ①玛…②宋…　Ⅲ . ①住宅—室内布置　Ⅳ . ① TS975

中国版本图书馆 CIP 数据核字（2016）第 192854 号

机械工业出版社（北京市百万庄大街 22 号　邮政编码 100037）
策划编辑：时　颂　责任编辑：时　颂
责任校对：刘秀芝　封面设计：马精明
责任印制：李　洋
北京利丰雅高长城印刷有限公司印刷
2017 年 5 月第 1 版第 2 次印刷
145mm×210mm・4.625 印张・242 千字
标准书号：ISBN 978-7-111-54582-8
定价：39.00 元

凡购本书，如有缺页、倒页、脱页，由本社发行部调换
电话服务　　　　　　　　　　　网络服务
服务咨询热线：010-88361066　机工官网：www.cmpbook.com
读者购书热线：010-68326294　机工官博：weibo.com/cmp1952
　　　　　　　010-88379203　金书网：www.golden-book.com
封面无防伪标均为盗版　　　　教育服务网：www.cmpedu.com

LES
BEIGES
SET
THE TON

前　言

　　手捧着自己喜欢的小装饰品或餐具，一边把玩一边考虑如何布置它们，是我最喜欢的时光。

　　我也非常享受那种在想象着如何能够通过个性风格的创意，使那些装饰看起来更精致时内心产生的兴奋感。

　　虽然我们都试图积极地享受每一天的生活，但在有限的时间里想让生活完全成为理想状态是一件极其困难的事。

　　其实，即使日常生活非常忙碌，但只要选择自己想做的事情，然后专注于此并认真去对待的话，虽然可能无法达到自己理想中的生活状态，但情感上亦会得到很大的满足。

　　我们可以认真地琢磨一下各类食材的切法，然后尝试用一种不同于平时的方法去处理砧板上的食材。也可以想想如何开发同一个小工具的多种功能；或者即使是使用同一个工具，我们也能搭配一些可以增色的小物件，或是考虑改变物件组合、摆放的方法，在布置方面下些功夫。我们还可以去思考如何通过令人开心的生活情趣和让人惊喜的创想，使我们的客人享受造访的这段时光。

　　生活中的每一个小发现和小感动，都是对自我的放松和治愈。

即使不买新的东西，即使没有很多的东西，只要有创想，只要肯用心，也可以享受充满新鲜感的生活。

如今，这本书会向您介绍如何将您所拥有的东西最大限度地进行活用，及如何对在百元店⊖低价就可以买到的小物件进行简单处理的方法，让您不需耗费太多的精力，就能够享受精致的生活。从此您的生活将充满无限创意和可能！

在这本书中，我尽己所能地介绍了一些商品的信息，希望能成为您生活的参考。

来吧，让我们一起，用简单的方法和创意去装饰我们的生活吧！

Mari

⊖ 百元店，指的是日本百元店，相当于国内的十元店。本文出现的百元店涉及大创（Daiso）、塞利亚（Seria）、橙子（Orange）、柠檬（Lemon）等品牌。——译者注

品牌索引

品牌名	中文译名	品牌简介
Francfranc	弗朗弗朗	日本家居时尚品牌
NEDECO	耐迪克	清洁剂品牌
diptyque	蒂普提克	法国香薰品牌
3COINS	3 个铜板	日本杂货店品牌，商品均价 300 日元
IKEA	宜家	瑞典家居品牌
DURANCE	朵昂思	法国香薰品牌
MOR	莫尔	澳洲香薰品牌
LUMINARA	卢米娜拉	日本呼吸灯品牌
LOVELY	小可爱	品牌名，具体不详
LINNMONADILS	利蒙阿迪斯	宜家品牌下产品名称
Marimekko	玛丽马克	芬兰时尚品牌
kurjenpolvi	天竺葵	玛丽马克品牌下产品名称
Kartell	卡特尔	意大利创意家居品牌
Stone	石头	卡特尔品牌下产品名称
chilewich	驰丽维赫	美国创意织物品牌
Kahler	卡勒	丹麦品牌
Omaggio Poster	奥玛吉奥海报	卡勒品牌下产品名称
NYTTJA	尼特亚	宜家品牌下产品名称
HILDIS	希尔迪斯	宜家品牌下产品名称
RIBBA	丽巴	宜家品牌下产品名称
Daiso	大创	日本百元店品牌
TICKAR	缇西卡	宜家品牌下产品名称
GIORGIO FEDON	乔治菲登	意大利品牌
MIGNON	迷娘	乔治菲登品牌下产品名称
Littala	伊塔拉	芬兰玻璃器皿著名品牌，入选全世界最具影响力 100 个品牌
Teema	蒂玛	伊塔拉品牌下的产品系列名称

品牌名	中文译名	品牌简介
MARKS & WEB	马科斯韦博	日本品牌
Seria	塞利亚	日本百元店品牌
Floyd	弗洛伊德	品牌名，具体不详
MoMA	摩玛	品牌名，具体不详
u-ni-son	尤尼松	塞利亚产品名称
KONIT	酷尼子	译者认为是 KONITZ，德国品牌，主要设计生产咖啡杯、茶杯
Coffee Bar	咖啡吧	酷尼子品牌下产品名称
CYLINDER	西灵德	宜家品牌下产品名称
soil	嗖易露	日本干燥剂品牌，本品为天然硅藻土食用干燥剂
MARELLA FARUFARINI ZEBRA	马利拉·法露法利尼·斑马纹	意大利意面品牌
Conran Shop	昆朗精品店	英国家居饰品店名称
DUNE	沙丘	卡特尔品牌下产品名称
Nachtmann	娜赫曼	德国品牌，产品以水晶杯著称
Lemon	百元店柠檬	日本百元店品牌
Satellite bowl	卫星碗	摩玛品牌下产品名称
Koziol	科吉奥	德国设计居家品牌
Babell	巴贝尔	科吉奥品牌下产品名称
arabia	阿拉比亚	芬兰品牌
Koko	可可	阿拉比亚品牌下产品名称
Villeroy & Boch	唯宝	意大利餐具品牌
New-Wave	新浪潮	唯宝品牌下产品名称
Libera	利贝拉	品牌名，具体不详
Royal Copenhagen	皇室哥本哈根	丹麦品牌名称
D-miracle	D-奇迹	品牌名称，具体不详
Wedgwood	韦奇伍德	英国著名骨瓷品牌名称
Vera Wang imperial scroll accent plate	王薇薇皇家卷纹盘	韦奇伍德品牌下产品名称
SIIRTOLAPUUTARHA	西路特拉普塔哈	玛丽马克品牌下产品名称
IVV MAGNOLIA	伊芙木兰	意大利品牌名称
bambin et bambine	棒冰爱棒棒	日本和歌山品牌
Tweed cake plate	粗花呢纹蛋糕盘	棒冰爱棒棒品牌下产品名称
BARABARA BARRY MUSICAL CHAIR	巴拉巴拉·巴利音乐椅	韦奇伍德品牌下产品名称
Cutipol	库奇波尔	葡萄牙品牌名称

品牌名	中文译名	品牌简介
MOON	月光	库奇波尔品牌下产品名称
art-craft	精艺	日本品牌
WAVE	波浪	精艺品牌下产品名称
Boulder	博得	品牌名称，具体不详
私の部屋	我的房间	日本品牌
フィアージュ	枝叶	我的房间品牌下产品名称
Orange	百元店橙子	日本百元店品牌
Amuse	阿妙姿	日本品牌
bossa nova	巴萨诺瓦	娜赫曼品牌下产品名称
Kastehelmi	露珠	伊塔拉品牌下的产品系列名称
Afternoon Tea	下午茶	日本品牌
Cocotte	可可特	法国品牌
DEAN & DELUCA	迪恩德鲁卡	可可特品牌下产品名称
mon-o-tone	梦欧堂	网上商店品牌名称，具体不详
Rorstrand X Filippa K	罗斯兰卡费莉帕	瑞典马克杯品牌
Butterfly	蝴蝶	弗洛伊德品牌下产品名称
KINTO RIDGE	近藤岭	日本品牌
Ego	爱可	伊塔拉品牌下的产品系列名称
bodum pavina	波顿帕维纳	著名玻璃杯、咖啡壶品牌
Durobor	都诺宝	比利时品牌
Disco	迪斯科	都诺宝品牌下产品名称
EBM	依必安	品牌名称，具体不详
Paratiisi	帕拉迪斯	阿拉比亚品牌下产品系列名称
Kartio	卡迪奥	伊塔拉品牌下的产品系列名称
DURALEX	多莱斯	法国著名钢化玻璃餐具品牌
ボデガ	波迪卡	品牌名称，具体不详
かんてんぱぱ	简当爸爸	日本品牌
DEAN &DELUCA	迪恩德鲁卡	高档连锁食品杂货店，专门出售高档进口食材
DULTON	德尔顿	日本杂货品牌
PICUREAN	艾美	美国著名砧板品牌
Pearl Ivory	珍珠象牙	伊芙木兰品牌下产品名称
glitter rest	闪静	弗洛伊德品牌下产品名称
SOLIA	索利亚	法国品牌
Henri Charpentier	亨利·沙彭蒂耶	日本著名糕点品牌

品牌名	中文译名	品牌简介
AJARA	阿加拉	品牌名称，具体不详
Dancingstar Ballet	芭蕾舞星	娜赫曼品牌下产品名称
TALLAMA DESIGNE	塔雅玛出品	品牌名称，具体不详
ジャスパー コンラン キリム	杰士伯 昆朗 土耳其花毯纹	韦奇伍德品牌下产品名称
Maribowl	玛丽碗	芬兰品牌
ANTHROPOLOGIE	安瑟鲁保罗杰	美国品牌
CASUAL PRODUCT	休闲产品	日本品牌
Essence Red Wine	精华红酒杯	伊塔拉品牌下的产品系列名称
MICHELSEN EARL GREY KANDIS	米歇尔森格雷伯爵茶糖	品牌名称，具体不详
TIPTREE	缇树果酱	品牌名称，具体不详
Goody Grams-ADD	古蒂·古拉姆斯·阿豆	品牌名称，具体不详
ursula	乌苏拉	卡勒品牌下产品名称
Cordial	热忱	卡迪奥产品系列下的产品名称
VICEVERSA	百思·佰乐萨	意大利品牌
PILIER	披利耶	品牌名称，具体不详
Hudson and Middleton	哈德森 米德尔顿	英国品牌
HEIKO	平行	日本品牌
Caspari Fashion paper towel	卡斯帕里时尚纸巾	品牌名称，具体不详
THE LAUNDRESS	洗衣妇	美国品牌名称
MAWA	玛瓦	德国品牌
NITTA Design	尼塔设计	品牌名称，具体不详
RIMOWA	日默瓦	德国品牌
LADUREE	拉杜丽	品牌名称，具体不详
ARTISANT & ARTIST	工匠和艺术家	日本品牌
Peach John	蜜桃派	日本品牌
Componibili	康宝尼比利	卡特尔品牌下产品名称
iwaki	易威奇	日本品牌
Mnemosyne	摩涅莫辛涅	品牌名称，具体不详
KEYUCA	柯优卡	日本品牌
ALESSI	阿莱西	意大利品牌
BLIP	哔哔	阿莱西品牌下产品名称
VOLIE	薄纱	阿莱西品牌下产品名称
Lecreuset	酷彩	法国品牌

目　录

第 2 部分
餐具、餐桌搭配的创意

第3部分
款待客人·礼物的创意 ·············· 071

第4部分
丝带·美纹纸胶带·餐巾纸的创意·········· 091

第5部分
舒心生活的创意 ················· 109

※ 此书中介绍的物品，全部为作者的私有物品。相关信息也是作者购买当时的信息。也许里面存在现在已经不再销售的商品，请知悉。

Part 1

ROOM

DECORATION

IDEA

第 1 部分

装饰房间的创意

从房间环境中受到的触动或得到的慰藉，
对于我来说，是能够让自己变得更好的重要因素。
即使是非常熟悉的房间，
也可以用稍稍花心思的创意，装饰出新鲜感，
让自己的内心重新焕发出生机。

Entrance
玄关

将欢迎客人的玄关色彩基调定为白色，可以给人清爽的感觉。还要敢于尝试选择与墙壁颜色相同的壁花，享受"白＋白"这样的搭配。通过在墙壁上添加有立体感的同色物品，可以使平面的墙壁充满层次感，这样的墙壁仿佛也有了表情。此外，使用一些装饰性的物体，可加深玄关留给人的印象，也使得整个玄关空间看起来更加华丽。但如果整面墙都是白色的话，容易给人留下呆板、毫无生机的感觉，因此可以通过少量黑色的香薰或"5"这样数字题材的装饰物来收紧白色给人带来的视觉影响。

壁花·加湿器 / 弗朗弗朗　衣物清洁剂 / 耐迪克
空气清新剂 / 蒂普提克　数字"5"摆件 / 3 个铜板

我家的墙壁虽然都是白色的，但在房屋的一角保留了用银色大马士革花纹装饰的空间。想有花纹但又想给人一种安稳的印象，因此我选择了色度低的颜色。如果将整个房间的墙壁都用花纹装饰的话的确需要足够的勇气，但如果仅仅是角落里很小的面积的话，装饰起来就会轻松很多，同时通过它，我们的心情也能够得以转换。实际上，这个房间是和式房间。通过使用壁纸，使房间的基础装饰风格中又添加了西方元素，产生一种混搭的装饰效果。因此即使是和式房间也不必特意去购买和风的物品，而是用其他房间也使用的装饰小物件进行搭配，从这个角度来讲，也是一种节约。

相框（2 个）/ 宜家　香薰 / 朵昂思
矮蜡烛 / 莫尔　LED 蜡烛 / 卢米娜拉（购买于乐天）

Japanese-Style Room
和式房间

Work Space
工作间

在工作间里，为了不让书桌表面变得杂乱无章，我们可以在书桌旁放一组抽屉，尽量将所有的东西都放在里面。这组抽屉之前是收纳衣物的空间，由于上面正好可以放一台打印机，所以我将它变为了书桌旁的抽屉桌。想放在外面的物品可以通过托盘来进行收纳，也可以灵活使用装饰挂盘，在上面挂一些东西，作为一种别出心裁的装饰，而且这样还能够尽量减少散置在外面的东西。此时，我们就会拥有一张整洁的书桌，营造一个使我们可以集中精力工作的环境。

装饰挂盘 / 小可爱　书桌 / 宜家 利蒙阿迪斯
玻璃花瓶 / 宜家　靠枕套・人造花 / 弗朗弗朗
小衣橱（抽屉）/ 弗朗弗朗

　　我希望自己卧室装饰的主角是玛丽马克品牌产品中的织品"天竺葵"的织物壁板，因此通常选用白色或是清新简单的其他物品搭配来衬托被挂在墙上的壁板。凳子与大尺寸托盘的组合代替了常规的床头柜。总是买不到自己喜欢的床头柜，因此一直到现在都是用家里现有的东西来代替。

织物壁板 / 玛丽马克　天竺葵（购买于乐天）
靠垫套·枕套·相框 / 弗朗弗朗
凳子 / 卡特尔 石头
托盘 / 驰丽维赫

Bed Room
卧室

Frame
巧用挂框

　　将大小不一的挂框进行组合，可以营造出丰富的空间感，构建一个让人印象深刻的视觉焦点。也可以不将挂框挂在墙上，而是用摆放的方法，这样既不会在墙壁上留下痕迹，也可以自由地变化其位置，想想都令人开心。将英文原版书籍或首饰等不属于家装摆件的东西组合起来也别具一番乐趣。在宜家，经常可以在众多商品中发现大小恰好适合放置海报的挂框。

海报 / 卡勒　奥玛吉奥海报　挂框 / 宜家
外文书 /《小黑外套》（ The Little Black Jacket ）⊖（购买于亚马逊）　相框 / 弗朗弗朗

⊖香奈儿经典外套影集。——译者注

　　根据挂框的尺寸剪一块布，将布包在框上，仿佛是托盘一样的挂框竖着靠在墙上，也是一种个性十足的装饰。如果那是一块质地柔软的布，可以用双面胶将其粘贴在挂框上。通过改变挂框上的布饰，或是改变挂框前摆放的饰品，就会呈现出截然不同的造型风格。

挂框 / 宜家 尼特亚　布 / 宜家 希尔迪斯

　　桌摆式的相框，即使没有墙等的依靠，也可以自由地摆放在任何地方，使用起来非常便利。无论是时尚杂志中的广告，或是从宣传页上裁剪下的自己喜欢的图片都可以放在其中。家里的任何东西都可以被活用为生活装饰品。

摆框 / 宜家 丽巴

　　装饰性强的相框外框自身就可以活用为一个装饰物。在百元店和三个铜板中，最近摆出了许多精致的相框。材质轻巧、使用便利的相框，可以通过错落有致的摆放，或是摆放角度的变化，形成多种多样的摆放格局。

三种相框 / 大创·三个铜板　装饰盒 / 弗朗弗朗
装饰球 / 大创·弗朗弗朗

　　将山茶花造型饰品放入立体的相框中，既可以作为装饰品，也可以被活用为托盘。将装有迷你小点心的玻璃杯，或者喝茶用的砂糖、牛奶，抑或是刀叉或纸巾放在这个托盘上，也是极其精致的摆件。

相框 / 宜家 丽巴　玻璃杯 / 忘记从哪里买的了
山茶花 / 非卖品

Tray
妙用托盘

没有边沿且设计简约的盘子，由于可放置物品的空间很大，所以可以被灵活作为托盘使用。托盘被认为是一种可以将各种东西置于一个空间内，且上面的东西可以清晰所见的收纳用品。利用托盘可以让桌面看起来不那么杂乱无章，由此产生的统一性会让我们感觉非常的清爽。而且零碎的小东西也可以被整理到托盘中以防找不到。如果总是碰不到自己中意的托盘的话，我推荐也可以用餐具来替代。

盘子 / 宜家 缇西卡 31cm　收纳盒 / 乔治菲登 迷娘

　　我和家人都非常喜欢喝茶，因此为了能在最短的时间内将茶准备好，我将马克杯、茶叶、砂糖和牛奶都放在了一个托盘中。密封罐中，我放了小棉花糖和小山核桃。

置物筐 / 弗朗弗朗　餐桌垫 / 无印良品
保存容器 / 丙烯罐小号（购买于乐天）
马克杯 / 伊塔拉 蒂玛

　　百元店的大号画框也可以用作托盘。可以把纸巾折叠成画框大小，然后放入其中，就获得了一个有着自己喜欢花纹图样的托盘。非常简单地就能够通过花纹的变化来享受由于气氛和季节的变化带来的生活小情趣。

画框 / 大创　纸巾 / 玛丽马克　精油 / 马科斯韦博

　　这个托盘，灵活使用了一个坚固的人造革材质盒盖，用布将在塞利亚店出售的单面可粘贴垫板进行包裹，然后铺在盒盖底部，放置物品的基础就完成了。为了不让桌面上（参照 P4）的东西显得杂乱无章，可以用这样的托盘来对使用频率非常高的物品进行整理。图中的笔筒其实是一个马克杯。

收纳盒 / 弗朗弗朗　马克杯 / 弗洛伊德
卡片盒 / 摩玛　笔 /16cm 长度的圆珠笔

　　这一个也是将布包裹在塞利亚出售的单面可粘贴垫板上，然后放在透明的收纳盒中，制成的一个底部带手柄的托盘。由于这个托盘是塑料材质的，可以水洗，所以非常适合收纳厨房里或餐桌上经常会沾水的物体。

收纳盒 / 塞利亚 尤尼松　布 / 两块皆购买于宜家
餐巾环 / 弗洛伊德　杯垫 / 购买于乐天

Flower
用花朵进行点缀

生活中的一束花，可以令人感动并温暖我们的心。每日繁忙的生活，使得我们一想起修剪花朵需要耗费的精力与成本，便放弃了购买鲜花的想法。鲜花买得少了，即使在超市中发现了便宜的花朵，那种购买的冲动也很快被消磨殆尽。其实只要将花枝剪短放入花瓶中，即可让人感受到大自然的气息。即使花的种类不同，只要花色接近，也会营造出统一的美感。

花瓶 / 宜家

购买一株花茎上盛开着多朵小玫瑰花的多头玫瑰会让人觉得非常超值。将每一朵小花都剪短分开，略加整理至圆润可爱的造型后，放入小咖啡杯里，就会非常招人喜欢！在咖啡杯的手柄处用黑色的丝带做一个小装饰，会显得更加精致。

杯子 / 酷尼子 咖啡吧 字母咖啡杯（购买于乐天）

在超市中销售的各式花与绿植的混合花束，虽然看起来不错，但是回到家中将其放在花瓶后，却非常难造型。利用这组看起来像是试管被连在一起的花瓶进行设计，将每一个试管中插入一两枝花就可以简单地形成一种统一感，即使只有绿植也会看起来非常精致。

花瓶 / 三个铜板

这是将花束分别放入从百元店买来的细长形玻璃杯中、并将若干这样的玻璃杯排列设计而呈现的效果。可以将玻璃杯排成一列，或是摆放成圆环状，使得花束看上去像被放置在同一个花器中似的，也可以增加玻璃杯的数量，让花束看起来更加华丽。我们可以从不同的摆放位置中享受变化带来的乐趣。

玻璃杯 / 塞利亚

这幅图展现的是百元店出售的岩石杯。在设计简洁的岩石杯中插入剪短了枝条的一束花。白色和绿色的洋桔梗是我非常喜爱的，多头玫瑰也是一样，因为它们在同一枝上可以生出许多的花朵，聚在一起会营造出一种柔和并且典雅温和的氛围。

岩石杯 / 塞利亚

Fake flower

用仿真花调和室内的色彩

我家的装饰以白色为基调，虽然内部装饰有些单调，但是我会在其中加入些关键"色彩"来避免室内成为仅有黑白两色的世界，从室内装饰的视觉效果中也能时常得到新鲜感。为了丰富色彩，经常会用到的就是仿真花。由于仿真花无须照看，日常使用非常便利并且种类繁多，所以可以选择和当下心境最相合的样式购买。关于仿真花的购买场所，我常常会选择品相佳、价格优的宜家和弗朗弗朗。

仿真花 / 宜家，弗朗弗朗

Glass
使用玻璃器皿

　　我会在广口并且形状平整的玻璃器皿中，随意填入丝绸材质的白色布料，然后在上面放些水果的摆件。有时我也会放入真的水果，作为装饰的同时，也可以用来食用。

玻璃器皿 / 宜家 西灵德　水果摆件 / 弗朗弗朗

　　在大尺寸的玻璃罐中，可以加入独立包装的小点心。虽然里面装的小点心是从超市买来的，但仅仅是由于放到了玻璃罐中，就会产生一种特别的感觉。吸湿性强的天然材料制成的干燥剂也要一起放进罐中。这种既是装饰又是点心盒的玻璃罐特别受到了孩子们的好评。

玻璃罐 / 购买于网上商店
干燥剂 / 嗖易露（购买于乐天）

虽然这是一个和黑色底座配套出售的圆玻璃罩，但是我们也可以单独使用玻璃罩，就像图片中那样搭配着大尺寸的盘子来使用，底座也可以单独用作展示架。由于它的使用方法和摆放类型多样，所以在我家中的使用频率非常高。

圆玻璃罩 / 弗洛伊德（购买于乐天）　蜡烛 / 大创

高脚且形制典雅的玻璃罐中，可以放入美观精致的蝴蝶结意面，既是一种装饰，也发挥了实际保存的功能。和小点心一样，里面也要放入干燥剂，以便可以真正用于料理（参照 P64 的鸡肉大虾焗蝴蝶结意面）。

玻璃罐 / 弗朗弗朗　蝴蝶结意面
马利拉·法露法利尼·斑马纹 / 昆朗精品店

Cushion

用不同的靠垫呼应每个季节

SPRING

春季给人留下的是浅色清新的印象，但我并没有那类色彩的靠垫，于是选择了带有春天气息的质感和氛围的靠垫。也可以用看起来非常雅致的白色蕾丝和带有小珠的靠垫套，就会给人留下像是棉花糖一般绵软蓬松、温和典雅的印象。

即使不对家具的摆放位置进行大规模的移动，仅通过改变靠垫套的样式也可以起到改变房间整体印象的作用。沙发上放着的靠垫可以为整个空间增添色彩，带来变化，所以我非常享受这种随着季节或心情的变化，短时间内就可以简单地更换靠垫套的过程。

为了视觉上的协调性，一般我们会以 45°角的地方为中心进行放置，在那里集中摆放小的或是长方形的靠垫。我家中的抱枕大多是采购于弗朗弗朗。虽然我只在遇到了自己喜欢的类型时才会买，结果不知不觉竟也成了一种收藏。

SUMMER

在夏天我想通过装饰给人一种清爽的感觉，所以选择了带有水珠花纹或有光泽度材料的靠垫套。当从窗户透入的光线投射到带有很多水珠花纹的靠垫套上时，整个靠垫都会闪着光芒，也为房间增添了一些华丽感。

AUTUMN

秋天是收获的季节，我选择深色、粗线
条编织的靠垫套，可以给人一种安稳宁静的
感觉。单色小尺寸靠垫套的色彩，可以从混
色苏格兰呢使用的颜色中选择，从而营造出
统一感。

WINTER

黑色缎纹材质的靠垫套可以营造一种高贵典雅的氛围。光滑的材质容易给人留下冷冰冰的感觉，因此我在靠垫的下面放了一块羊毛皮作为补充。因为是以黑色为主的靠垫，为了不让它看上去过于沉重，我又搭配了带有银色闪光亮片的靠垫，这样也增添了房间的色彩及亮度。

100yen goods
使用百元店商品进行室内装饰

　　百元店的商品有许多独特的优势。因为价廉所以可以很轻松地买来进行尝试，并且可以买很多。另外，百元店中有很多材质轻巧的东西，使用起来非常便利，而且在调整家中摆设的整体平衡度时也可以得到充分的利用。虽然百元店的商品在家中摆设时很少会成为主角，但它确实承担了衬托主角的重要角色。

　　图片中尺寸最小的蜂窝状圆球是百元店的商品。用它可以和其他在别处买来的小球搭配在一起进行装饰。这种球类的装饰品通常被用作某种吊饰，将它们放在一起显得非常灵动俏皮。

蜂窝状圆球 / 小·塞利亚 中·大购买于乐天　框 / 弗朗弗朗　靠垫套 / 弗朗弗朗　室内空气香氛 / 蒂普提克　外文书 / 《香奈儿》（CHANEL）《鲍勃·理查德森》（BOB RICHARDSON）（购买于亚马逊）

　　白色的绒花是用百元店里买的装饰纸自己做的。制作的方法非常简单，只需将纸来回折叠然后扎成束，最后将每一个折叠处都展开即可。大的花朵就是将两个折叠起来的纸合在一起然后再展开的效果。

制作绒花用的装饰纸（左侧两朵）/ 塞利亚　纸绒花 / 购买于乐天

　　在托盘上高低错落地摆放些烛台，然后里面随便放些从百元店买来的小装饰品即可成为一种可移动的装饰物。图片中百元店商品有黑色画框、水钻、装饰球链条、紫罗兰仿真花。

黑色画框、水钻、装饰球链条 / 塞利亚　紫罗兰仿真花 / 大创托盘 / 购入地不明

为了让这个装饰品从远处看起来像是真的一样，我选择了高品质的仿真绿植，将它垂放在透明干净的玻璃瓶中。多放几支就会呈现出图片中繁茂的感觉，只放一支也别有一番风味。

仿真绿植 / 塞利亚
玻璃器皿 / 宜家 西灵德
香氛用细棒 / 购买于乐天

我按照自己的喜好重新做了这个带有蓝色丝带的简单玻璃蜡烛。拆开包装纸取下标签，系好丝带，在蜡烛中央安上一颗宝石的封蜡显得更加典雅。我喜欢 LED 蜡烛，不过因为这款蜡烛样式别致，我也会多摆放几个在家中，但通常不会点燃。

玻璃蜡烛 / 大创
宝石封蜡 / 塞利亚

Candle

点亮装饰蜡烛

在夜晚的惬意时光中，不可缺少的就是蜡烛的光亮。我出于安全的考虑，选择了 LED 蜡烛来伴我度过每段可治愈我心灵的时光。最近市面上有了可以与真蜡烛相媲美的高品质 LED 蜡烛。

LED 蜡烛 / 卢米娜拉
仿真绿植 / 塞利亚
托盘 / 卡特尔 沙丘
外文书 /《鲍勃·理查德森》(购买于亚马逊)

在这组装饰中，我用从百元店买来的造型简洁的岩石杯代替茶蜡的烛台。由于 LED 蜡烛并不会真正掉下蜡泪，因此烛台也可以用玻璃制品来替代。然后，用从百元店买来的黑色蕾丝带在玻璃杯周围缠绕一圈，非常简单就可以完成一件原创作品。

LED 蜡烛灯 / 购买于乐天
岩石杯・黑色蕾丝带 / 塞利亚

其实不仅是玻璃制品，平时我们作为餐具使用的小碗之类的也可以作为烛台使用。图片中娜赫曼品牌的水晶玻璃碗由于切角多，所以会发出充满透明感的光芒，闪烁的光芒使得房间也变得华丽起来。

LED 蜡烛灯 / 购买于乐天
碗 / 娜赫曼　直径 12.5cm 的碗

Base

室内装饰的基座

我常常会将平时一点点收集来
的外文书摞两三本，然后在上面放
上一些小物件，成为室内装饰的一
部分。外文书或尺寸较大或较沉，
如何将其进行收纳也让我感到非
常为难，而像图片中那样的话既可
以达到装饰的效果，又实现了收纳
的功能，可谓一举两得。

侧桌 / 购买于乐天　外文书 /《小黑裙》
（*The Little Black Dress*）《现代时尚》
（*FASHION NOW*）（购买于亚马逊）
装饰品 · 蜡烛 / 弗朗弗朗

在三角形的小容器中，铺上一层我在百元店里发现的白色小石子，然后再将要装饰的主角放在小石子上面。这些小石子是放在图片右上角的塑料小盒中的商品，因此在不使用时也可以放回到小盒中，收纳起来非常便利。

白色小石子（装饰小卵石）/ 百元店柠檬
小容器 / 弗朗弗朗

羊毛皮垫并不一定要放在地面上，也可以搭在沙发旁边，用作放置装饰物的基础。在这种无机的空间中，整体布置容易让人觉得冷淡，而羊毛皮垫的蓬松感会使得房间看起来更加温馨。

羊毛皮垫 / 宜家　大写字母装饰 / 百元店柠檬
盘 / 摩玛　卫星碗

百元店的小黑板原本是挂在墙上使用的，但也可用作放置杂货的托盘，只需把东西放在上面就会显出一种特别感和高级感。如果希望打造一个精致而又引人注目的角落，可以对房间进行这样的布置。

天鹅绒质地的黑板·鸡尾酒杯 / 塞利亚

如果想要保持桌面的整洁，可以将使用频率高的物品都放在托盘中，这样桌面就不会显得杂乱无章了。因为使用托盘也可以成为室内装饰的一部分，所以我们自己的心情也会变为：我必须要将桌面整理得自然、大方、整洁才行。

相框 /3 个铜板　马克杯 / 弗洛伊德　卡片架 / 摩玛

Season of
Party
享受季节与聚会

正月

装饰整体以正月常用的饰品为主，接下来将红色的仿真花放入银色的花器中，再将和纸放入画框中，增加了这些装饰元素后，整体显得明亮且华贵。黑色的流苏会让空间产生收缩感，底面铺的和纸及画框中的和纸，皆购买于百元店。

较高的银色花器 / 弗朗弗朗 仿真花 / 宜家 画框 /
宜家 丽巴 和纸 / 塞利亚

A Happy New Year

圣诞节

将盒子按照从大到小的顺序依次叠放，成为装饰的主体，给人以圣诞树的感觉。可以用一些小的物品来装饰每个盒子，在旁边也可以放一些礼物盒，这样整个装饰会让看到的人心跳加速，充满期待。主色调是用红色的玫瑰花瓣来进行点缀，花环是将圣诞小球用绳子连接在一起做成的。

玫瑰花瓣 / 宜家　亮片装饰球 / 大创
各礼物盒 / 弗朗弗朗等杂货商品的盒子

Merry Christmas

万圣节

在黑色的基础上，加入紫红色色调，搭配出有着成年人氛围的万圣节装饰。将插花用的树枝（做烘干加工后的木枝）横放在那里，科吉奥（Koziol）的巴贝尔（Babell）托盘提高了整个装饰的高度，为了使其能够给人留下更加深刻的印象，可以将高脚的花器倒过来成为一个基座，这样就更进一步提高了整体的高度。

树枝 / 购买于乐天　托盘 / 科吉奥 巴贝尔
仿真花 / 弗朗弗朗　马克杯 / 弗洛伊德
小鸟饰品（Bird Land）/ 乐浮士 & 弗洛伊德（LFS & Floyd）　仿真水果 / 弗朗弗朗
枝形吊灯 / 购买于乐天　报纸样的装饰纸 / 塞利亚

Trick or Treat

生日聚会

　　若是女孩子的生日聚会，我会将色调统一为粉色，营造一种蓬松可爱的氛围。吊旗拉环是用美纹纸胶带和绘画用纸手工制作的！即使采用了多种色彩，只要基调一致，也会产生统一感。作为主基调，我选用了和我平时常用色相反的白色。

纸吸管·纸球 / 购买于乐天
玻璃罐·放纸吸管的杯子 / 弗朗弗朗

Happy Bithday

专栏 1

选择物品的标准

喜欢的东西只要被放在那里，只需看到它，自己就会感觉到心情舒畅，生活得到了滋润，就会获得满满的元气和力量。

我并不是有意识地去做些什么，仿佛只是自然而然就会珍视那些物品。

物品变为我生活中的一部分，越使用它就越熟悉它，逐渐那些东西就会成为自己的伙伴。

而且这些物品也是体现个性的重要工具。

这样去想的话大家大概就会明白，对于我来说，选择物品的外观在每天的生活中是何等的重要。但与此同时，还有一种选择物品的基本理念，那就是"想要长久的拥有，非常珍视自己所拥有的喜欢的物品，并且想一直用下去"，所以请不要忘记在选择这件事上也要考虑实用性。

为了尽量避免开始使用后产生的一些不适，在购买之前要想象将其安置在家中后的样子，然后模拟出自己和家人正在使用这些物品的情景。

这正是从自己之前失败的购物经历中学到的经验。

但在现实中，实用性与外观二者兼具且都可打满分的东西，总是很难遇到，所以更重要的是给哪一方的权重更大，如果是我的话，会优先选择实用性。

这样做的理由是，一旦做选择的时候重视外观，那么之后你会觉察到使用的不便利以及保存的困难，我在这方面有过多次的失败经历。

在那时如果继续使用那些物品就会变成一种压力，最终会逐渐减少使用频率，从而陷入一个再去寻找其他代用品的恶性循环之中。

特别是厨房中使用的工具，更加追求使用及存放的便利性，因此在选择时实用性的权重就会更大一些。

另外，在选择物品的时候也要有自己的原则，即自己的个性。要和自己及家人的生活方式相符合，以营造舒适的生活这样岂不更好？例如："是否有可以收纳的空间？""在黑白两色之间犹豫不决时选择白色（若是容易脏的物品则选择黑色）。""想一下买很多的东西，但不一次性买齐，先购买一个，然后根据情况再追加。""在遇到自己真正心仪的物品之前，一直使用百元店的商品，直到有一天你碰到了它。""先决定想买物品的大致样子，让它和已有物品保持协调。（我喜欢简约和白色）"

Part 2

TABLE

COORDINATION

IDEA

第 2 部分

餐具、餐桌搭配的创意

通过对餐盘、餐具、餐桌垫进行不同的搭配组合，从中可以体会到餐桌装饰的乐趣。
接下来我要向大家介绍我在家中为了更加愉快并且充满新鲜感地度过每天的进餐时间而下的功夫。

白色的餐盘

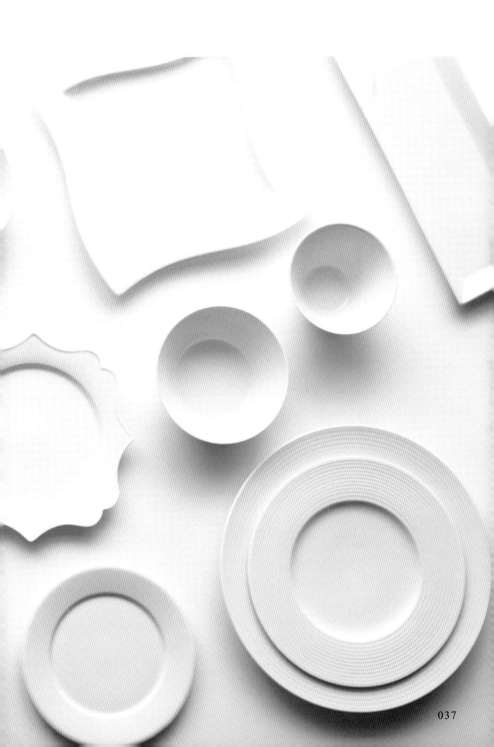

充满个性的餐盘

白色的餐盘

我非常喜欢既可以与个性的餐具搭配，又可以凸显餐品的白色餐具。

我家的餐盘大多数为白色。

从带些青色的白到可以让人感受到温暖的、类似于香草的白，有各种类型。我会依照其不同的用途，配合着餐品，并根据尺寸、形状、设计等元素选择和收集各类餐盘。

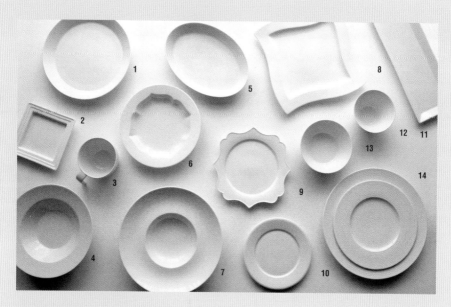

1. 伊塔拉 蒂玛盘　直径 26cm
2. 闭店购 购买于奥特莱斯
3. 伊塔拉 爱可 早餐杯
4. 阿拉比亚 可可 深盘　直径 24cm
5. 阿拉比亚 可可 椭圆盘 18cm×26cm
6. 弗朗弗朗
7. 唯宝 马凯西 深盘　直径 29cm
8. 唯宝 新浪潮 四角平盘　直径 27cm
9. 弗朗弗朗
10. 伊塔拉 爱可 早餐浅碟
11. 购买于奥特莱斯
12. 阿拉比亚 可可 碗 250ml
13. 伊塔拉 蒂玛 碗系列　直径 15cm
14. 利贝拉　直径 30cm 平盘 和直径 24cm 肉盘（购买于乐天）

充满个性的餐盘

当我遇到了自己喜欢的带有花纹的个性餐盘时，我会考虑其是否可以和我现有的餐盘、刀叉餐具、餐桌垫等搭配起来使用，然后再做购买的决定。这类个性十足的餐盘在当你想为餐桌增添亮点或是提高格调的时候使用起来非常便利！我在购买时很少买齐一整套，通常只买一个。每一次发现新的装饰品也是一种乐趣。

1. 皇室哥本哈根 蓝色花纹平盘　直径 19cm
2. D- 奇迹
3. 弗朗弗朗
4. 阿拉比亚 黑色 帕拉迪思　直径 26cm 盘
5. 阿拉比亚 紫色 帕拉迪思　直径 26cm 盘
6. 韦奇伍德 王薇薇皇家卷纹盘　直径 23cm
7. D- 奇迹
8. 玛丽马克 西路特拉普塔哈盘　直径 25cm
9. 弗朗弗朗
10. 伊芙木兰　直径 22cm
11. 棒冰爱棒棒 粗花呢纹蛋糕盘
12. 韦奇伍德 巴拉巴拉·巴利音乐椅
13. 弗朗弗朗
14. 宜家 缇西卡　直径 31cm 盘

用刀叉修饰餐桌的布置

刀叉的选择也要配合餐品、餐盘、餐桌垫等来决定是银、金、白、黑色或是透明等样式。要保持整体的平衡。

1. 库奇波尔 月光
2. 停产商品
3. 精艺 波浪勺 / 购买于乐天
4. 博得勺 / 购买于乐天
5. 5 个均购买于弗朗弗朗

6. 3 个全部购买于库奇波尔 月光

7. 3 个全部购买于我的房间 枝叶

8. 透明的丙烯筷子 / 购买于乐天

9. 黑筷子 / 百元店橙子

10. 带有钻石装饰的水果叉

11. 透明的小水果叉 / 停产商品

12. 黄油刀 / 我的房间 枝叶

能够提升餐桌品位的小物件

若只用一个盘子的时候，也不要把餐品直接摆在上面就完了，而是要搭配一些有趣的小物件来营造出咖啡馆或是西餐厅的氛围，使家人享受餐桌装饰的乐趣。

我收集了一些简单且合手的小物件。

即使是仅仅摆放一些不同风格的筷子架，也可以为餐桌带来变化。

1. 阿妙姿 水晶玻璃杯 / 购买于乐天
2. 阿妙姿 勺 / 我的房间
3. 娜赫曼 巴萨诺瓦 碗　直径 12cm
4. 岩石杯 / 购买地不明
5. 羽毛形筷子架 / 弗朗弗朗
6. "LOVE YOU" 迷你盘 / 弗朗弗朗
7. 伊塔拉 露珠 灰碗 230ml

8. 弗洛伊德 糖果杯

9. 杯子 / 下午茶

10. 弗洛伊德 迷你指环杯（Cup Ring Mini）

11. 可可特 / 迪恩德鲁卡

12. 酷尼子 咖啡吧 印有 "Espresso Doppio" 的英文字母杯碟

13. 上 / 弗朗弗朗 下 / 弗洛伊德 亮黑色小碗　直径 11cm

14. 筷子架 / 弗朗弗朗

餐桌垫是享受用餐过程的调味料

即使餐品是一样的，餐具也是一样的，只需一块餐桌垫也可以改变用餐时的情趣。

餐桌垫仅仅铺在那里就会改变整个餐桌的氛围。在我家的餐桌上，最不可欠缺的就是能让餐品变得更加美味的餐桌垫。

最近出现了许多无论是滴上液体还是脏了都能很容易处理的餐桌垫，因此可以放心大胆地使用。

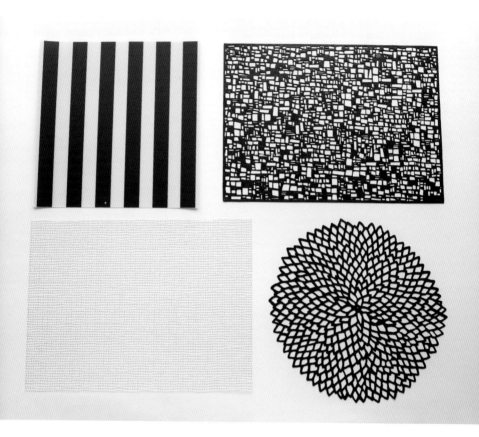

左上 / 宜家
右上 / 驰丽维赫
左下 / 驰丽维赫
右下 / 驰丽维赫

Mange-le
tant que c'est
encore chaud

左上 / 驰丽维赫
右上 / 梦欧堂
左下 / 驰丽维赫
右下 / 驰丽维赫

大号白餐盘的搭配

将尺寸较大的白盘子当作油画画布使用，在上面设计餐品的摆放位置、装盘形式是最令人快乐的一件事了。在很多情况下也可以和小的餐具搭配在一起。如图片中那样，由于盘子的边缘较宽，餐品可以集中放在中央，将四周留白，自然呈现出西餐厅的风格。这是一份蔓越莓圆面包夹肉汉堡和土豆沙拉并且搭配玉米杂烩浓汤的早餐。

盘子 / 利贝拉直径 30cm 白盘（购买于乐天）
餐桌垫 / 驰丽维赫 粉色仿真花 / 弗朗弗朗
杯子 / 伊塔拉 爱可 碗 / 弗朗弗朗

可以突出餐品中心地位的、纯白色如油画画布般的餐盘，与色彩丰富的中餐料理搭配也非常合适。放在紫甘蓝细丝上的烧卖可以用小叉子来点缀。加入黄色彩椒或是红色的小番茄也会让料理看起来色泽更鲜艳。将小的食物绕着大尺寸盘子一圈摆放，也可以享受到另一种充满新鲜感的乐趣。

盘子 / 利贝拉　直径 30cm 白盘(购买于乐天)　红色盘子 / 弗朗弗朗　直径 30cm　盘子上擦着的盘子 / 弗朗弗朗　碗 / 阿拉比亚可可　丙烯筷子 / 购买于乐天

图片中是添加了足够多蔬菜的肉饼餐。用同一系列但尺寸稍小的盘子来盛米饭。使用金色的刀叉并将米饭盛在盘中，仅仅这样就可以营造出一种豪华感，成了我不同寻常的一顿美食。

盘子 / 利贝拉　直径 30cm 白盘、24cm 白盘（购买于乐天）
刀叉 / 弗朗弗朗　餐桌垫 / 驰丽维赫

白色长方形四角餐盘的
搭配

　　长方形的四角餐盘通常被用于需要
摆放若干个盘子的时候，或者在和式餐
桌上使用。因为是长方形，所以放置秋
刀鱼之类细长的鱼也可以使用这样的盘
子。如果想伴着脆海苔来吃饭团，盘子
的尺寸也正好够够海苔的长度。为了可以
一目了然地知道饭团当中是什么馅，可
以在饭团上面摆一点儿馅料。

长方形的四角餐盘 / 购买于奥特莱斯
圆盘 / 棒冰爱棒棒 粗花呢纹蛋糕盘
筷子 / 百元店橙子　餐桌垫 / 驰丽维赫

把做便当剩下的小菜和纳豆一个个横摆在盘子里。我们家的味增汤中材料也很丰富。我想把冰箱里的食材都用完，所以图片中的料理是我一边考虑饮食的平衡，一边组合冰箱里的剩余食材而做成的。若食材丰富的话，孩子们是会要求添饭的！饭碗我用了尺寸正合适的阿拉比亚的可可碗。

长方形的四角餐盘 / 购买于奥特莱斯　碗 / 阿拉比亚 可可　马克杯 / 罗斯兰费莉帕　餐桌垫 / 驰丽维赫　筷子架 / 弗洛伊德 蝴蝶　茶壶 / 近藤岭 750ml

图片中是两种稻荷寿司[注]。我们家习惯将油炸食品稍加甜味略煮一下。食材的搭配有鱼子、鸡蛋等的组合，还有烟熏三文鱼、水煮虾及橄榄的组合。

长方形的四角餐盘 / 购买于奥特莱斯　正方形的四角餐盘 / 购买于闭店购　筷子 / 百元店　橙子

___

〇稻荷寿司是日本寿司的一种，即用入味豆皮包着寿司饭。——译者注

伊塔拉的爱可系列的
搭配

可以作为盘子使用的茶碟，符合人体工
程学设计、方便人们拿握且具有现代感的杯
子，这些都是我非常喜欢并且即使作为单品
也兼具实用性的餐具。我在杯子中放入了酸
奶，这样的大尺寸可以让我放入足够多的水
果，使我非常开心。

马克杯 / 伊塔拉 爱可　刀叉 / 购买于乐天
餐桌垫 / 驰丽维赫

爱可系列产品也可应用于烘烤类料理，如做洋葱奶汁烤菜汤时即可使用。左边放着沙拉的盘子实际上是一个茶碟。在我家里会把杯子也当作餐具装纳豆，因为它有一个非常合手的把手，在搅拌纳豆时非常方便。

马克杯、茶碟 / 伊塔拉 爱可　玻璃杯 / 波顿帕维纳 双壁杯　刀叉 / 库奇波尔 月光 镜面　纸巾 / 塞利亚

这张图片展示的是杯装沙拉、茶碟装面包的搭配。这个尺寸正好可以容纳一个人的量。虽然是充满休闲感的餐具，但配合着纯白色的餐桌垫和花朵，就显得非常典雅。物件虽然小，但我觉得它是既可营造氛围，又便于使用的魅力十足的餐具。

马克杯、茶碟 / 伊塔拉 爱可　玻璃杯 / 都诺宝 迪斯科　刀叉 / 我的房间　餐桌垫 / 驰丽维赫　盐罐和胡椒罐 / 依必安

玻璃餐盘的
搭配

玻璃餐盘可以给人一种清凉的感觉，会常常出现在夏季的餐桌上。玻璃餐盘既可以用来盛放素面（最细的和式面条），也可以像图片中那样用来盛放一人份的冷面。将生火腿肉从内侧开始一片片卷起来制作成粉色的玫瑰点缀到餐品中，就完成了一道可用来招待友人的精致菜品。仅仅加入这一朵玫瑰，整个餐品就变得华丽起来，这种布置菜品的方法非常值得推荐。

直径32cm玻璃餐盘 / 购买于乐天　餐桌垫 / 驰丽维赫　玻璃杯 / 购买地不明　筷子 / 百元店橙子筷子架 / 弗洛伊德 蝴蝶

将白汁红肉放入冰箱冷藏后会让人的食欲大开，玻璃餐盘会让它看起来更加美味。将薄切的扇贝肉和被切成易入口大小的生火腿肉，放在香料蔬菜上面，撒上适量的白胡椒，淋上些橄榄油，再撒一点盐，就可成为一道美味的沙拉。

直径 32cm 玻璃餐盘 / 购买于乐天

图片中展示的是使用创意餐具及玻璃杯盛放小份餐品的餐盘组合装饰。装着鳕鱼籽奶油意面的鸡尾酒杯是百元店的商品。使用玻璃器皿或是透明的塑料、银质器皿，即使盛放了很多的食物也不会让人感觉很拥挤，反而能体现出一种清爽和美感。

直径 32cm 玻璃餐盘 / 购买于乐天　橄榄形银杯 / 弗洛伊德 糖果杯　鸡尾酒杯 / 塞利亚　纸巾 / 玛丽马克 天竺葵　创意汤匙（派对用曲柄汤匙）/ 塞利亚

　　直径 26cm 的蒂玛餐盘是我最常用的 5
种盘子之一，这种盘子不仅可用于盛放餐品，
也可以在备餐时盛放配套的蔬菜或肉类。另
外，在想要冷冻计划放在便当中的小菜时，
也可以临时使用。图片中展示的是将水果切
成圆柱状随意摆盘的效果。将水果切得厚一
些会看起来更加美观。

盘子 / 伊塔拉 蒂玛　直径 26cm 盘　金色刀叉 / 弗
朗弗朗　羊毛垫 / 宜家

图片中展示的是加入培根和菠菜的奶油意大利宽面。将意面装入蒂玛的黑色碗中，用白盘子作底盘，并创造出一个空间可以放面包。黑白两色的组合餐具看上去酷感十足。这道餐品可以搭配红酒一起享受。

盘子 / 伊塔拉 蒂玛　直径 26cm 盘　黑色碗 / 伊塔拉 蒂玛　直径 21cm 碗　餐桌垫 / 驰丽维赫　玻璃杯 / 都诺宝 迪斯科　刀叉 / 我的房间　纸巾 / 梦欧堂（购买于乐天）

我经常用单片英国松饼①制作成三明治当作早饭，并且上面放着的东西每天是不一样的。图片中的这一例放的是辣味十足的墨西哥沙拉。它混合了黄瓜、红彩椒、玉米、西红柿与蛋黄酱，然后加入制作披萨使用的奶酪，用单面三明治炉烤制而成的。这是一道无须单配沙拉，而是将蔬菜拌入松饼一起食用的非常简单的餐品。

盘子 / 伊塔拉 蒂玛　直径 26cm 盘　杯垫 / 购买于乐天　当作小叉子使用的餐具 / 星巴克 咖啡滴漏器、餐巾纸镇纸 / 塞利亚　玻璃杯 / 都诺宝 迪斯科

⊖ 英国松饼由小麦、大麦或麦片制成，一般食用时会切开涂上奶油或果酱等。
　　——译者注

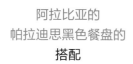

阿拉比亚的
帕拉迪思黑色餐盘的
搭配

在孩子们特别喜欢的蛋包饭上面，稍微加入一些沙司。其实就是将切成小块的迷你西红柿和番茄酱混合这么简单，但这样一来连我非常不喜欢吃西红柿的女儿都喜欢吃了。在沙拉中加入山胡桃！鸡蛋的黄色和沙司的红色在帕拉迪思餐盘黑色的花纹映衬下愈显诱人。

盘子 / 阿拉比亚 黑色 帕拉迪思　直径 26cm 盘
杯子 / 伊塔拉 卡迪奥 平低圆柱人玻璃杯（灰色）
刀叉 / 我的房间　纸巾 / 宜家

用贝夏美沙司做的法
式香脆三明治（croque-
monsieur）也是我们家的常
见餐品。在家中，我们常备
有火腿、披萨专用奶酪、牛
奶、面包等，所以每当突然
觉得"好想吃！"的时候就
可以马上做来。加入草莓，
就成为一道凸显红色的餐品
搭配。

盘子 / 阿拉比亚 黑色 帕拉迪思
直径 26cm 盘　餐桌垫 / 驰丽维
赫　刀叉 / 我的房间　玻璃杯 /
都诺宝 迪斯科

图片中展示的是生姜烤
猪肉以及蕈朴豆腐味增汤。
在卷心菜的细丝中加入少量
的紫甘蓝丝，进行色彩的搭
配。因为我将这个连日本料
理都可以衬托得如此精致美
丽的黑色帕拉迪思餐盘视为
珍宝，所以虽然它有花纹，
不如素色餐具好搭配，但我
还是经常用它进行搭配组
合。驰丽维赫的黑白混织餐
桌垫与这一套餐品搭配，会
呈现一道很有品位的和式料
理，我非常喜欢。

盘子 / 阿拉比亚 黑色 帕拉迪思
直径 26cm 盘　餐桌垫 / 驰丽维
赫　筷子架 / 弗朗弗朗　筷子 / 百
元店橙子　碗（茶碗）/ 阿拉比亚
可可 250ml　木碗 / 弗朗弗朗

花田沙拉

画着紫罗兰和果实的设计，让这个紫色的帕拉迪思餐盘尽显华丽，惹人注目。但它不仅是外表美观，更有着北欧餐具的实用性与使用的便利性。在加入了紫甘蓝的新鲜蔬菜上面，放着凉鸡肉、生火腿、煮鸡蛋、蘑菇、黄彩椒、胡桃、橄榄等色彩丰富的搭配，这道沙拉就像是色彩丰富的花园一般。

盘子 / 阿拉比亚 紫色 帕拉迪思　直径 26cm 盘　纸巾 / 宜家　三色堇仿真花 / 大创　刀叉 / 我的房间

杏仁豆腐

　　杏仁豆腐是一道操作简单的餐品，仅用热水和牛奶就可以轻松制作，如果使用模具的话还可以缩短烹饪时间。将一人份的食材加入玻璃器皿后进行冷藏，用覆盆子来替代在超市中不好买到的新鲜枸杞子，一样可以营造出杏仁豆腐应有的氛围和感觉。

玻璃器皿 / 多莱斯　波迪卡 200ml　杏仁豆腐模具 / 简当爸爸　杏仁汁　铺在下面的纸巾 / 玛丽马克　刀叉 / 购买地不明

三明治面包及配菜杯子面包

图片中展示的是将做三明治用的面包放入小杯子中，放在烤面包炉中烤制，然后在里面加入自己喜欢的馅料或是小菜等制作而成的杯子面包。如图片中那样，可以加入草莓和奶油干酪，或是将面包放凉后加入布丁或巧克力，就可以成为一道甜点。由于面包被放入杯中很方便食用，所以作为指尖上的美食，在派对中也可成为美味的主角。

盘子 / 唯宝　直径 27cm 新浪潮四角形平盘（New wave Square flat Plate）　小杯子 / 迪恩 德鲁卡

咖喱饭

　　即使是最常见的咖喱饭，只要在餐具方面稍用心思也可成为一道很精致的西餐风格餐品。这款唯宝的盘子采用的是边缘部分也可以放置食材的设计，因此可以放一些想加在咖喱饭中的什锦酱菜等调味小菜。当然，边缘部分也可以用沙司做些艺术装饰，会被装饰成什么风格呢？心中对此充满了期待，很是兴奋！这款餐具可以充分发挥使用者的创意来进行各种装饰搭配，让使用者享受创造的快乐。

盘子 / 唯宝　直径 29cm 曼彻斯特深盘（Marchesi Deep Plate）　玻璃杯 / 伊塔拉 卡迪奥 平底圆柱大玻璃杯（灰色）　餐桌垫 / 驰丽维赫　刀叉 / 我的房间　纸巾 / 弗朗弗朗

鸡肉大虾焗蝴蝶结意面

普通的焗菜通过点缀一些色彩丰富且可爱的蝴蝶结意面就可以成为派对或活动的主角，同时也会让餐桌看起来更加华丽。漂亮的蝴蝶结意面可以保存在玻璃罐中，灵活地应用为装饰品（参照 P15）。

耐热容器 / 德尔顿 双耳汤盅　砧板 / 艾美　盘子 / 弗朗弗朗　刀叉 / 库奇波尔 月光、我的房间　纸巾 / 宜家、弗朗弗朗

鸡肉松盖饭

图片中是我经常做的孩子喜欢吃的便当——鸡肉松盖饭，但不将其放入大碗中，而是放入香槟色的花朵形餐盘中，这样的搭配会使得餐品更有档次。使用了白酱油的高汤中漂浮着小面筋球。这套餐品所使用的餐具和食材都给人耳目一新的感觉，有种专业厨师烹制的感觉。

盘子 / 伊芙木兰　直径 22cm 珍珠象牙　木碗 / 弗朗弗朗　筷子架 / 弗洛伊德 闪静　筷子 / 百元店橙子　勺 / 博得　餐桌垫 / 驰丽维赫　仿真花 / 弗朗弗朗

煎蛋卷

　　煎蛋卷搭配锯齿状的面包，并点缀一朵用番茄酱画的花，看起来是多么可爱。有时我也会画一张笑脸。虽然稍有一些费事，但只要是在时间充裕的时候，我都会用这种有趣的设计开启一天的幸福生活。添加的蔬菜不是往常的沙拉形式，而是切成小棒状，这样小孩子会比较容易吃。早餐餐具我选择的是黑白色条纹的餐盘与水珠状花纹的纸巾，这样的搭配非常受欢迎。

盘子 / 宜家　盘子上的两个玻璃杯 / 购买地不明　刀叉 / 我的房间　纸巾、纸吸管 / 购买于乐天　玻璃杯 / 都诺宝 迪斯科

法式吐司

────────────────────────────

　　将尺寸不同的盘子叠放在一起放置招待朋友的法式吐司，可以营造一种美且豪华的感觉。挑选餐具就如同挑选装饰品一样，要根据个人的喜好，也要考虑叠放餐具的合适尺寸，然后再去购买。虽然样式设计不同，但因为图片中的餐具都是白色，所以看起来也很协调。

盘子（从下至上）/ 利贝拉直径 30cm 盘（购买于乐天）·弗朗弗朗·棒冰爱棒棒　粗花呢纹蛋糕盘
刀叉 / 我的房间　杯子 / 弗洛伊德 迷你指环杯

专栏 2

将一天分为 4 个阶段

如今的我每天被做家务、带孩子和处理工作绑架，忙得团团转。

有时候也会觉得很累，但是通过不同的事情也得到了许多快乐，并且从中学到了许多，所以我觉得自己不经意间就学会了保持内心平和的秘诀。

通过安排·天中做家务、带孩子、处理工作的流程，我觉得自己逐渐掌握了灵活分配时间的窍门。

我的一天是通过"动"与"静"的结合让生活张弛有度。

"动"的时候是工作时间，"静"的时候就是营造舒适生活的时间。

将一天分为 4 个阶段的生活时间表是这样的。

上午

早晨起床后

- 做当天的便当及早餐。早餐一般是米饭和味增汤，以及便当也要带的小菜。
- 洗衣服（从洗到脱水）。
  特别是冬天，这个时间因为一直在动，身体也可以变得暖和起来，然后动作就会更加利落。

孩子们都去上学之后

- 继续完成准备早餐和便当时的洗衣服的工作。
- 对客厅、厨房、卫生间等整理收拾（将散落在各处的东西，分别放回到各自的收纳处）。
- 晾晒洗好的衣服。
- 清扫房间。
- 在计算机前工作。
  截止到此时主要是整理房间和清扫。当时间、心情、身体状况等都恰好的时候，我会将自己在意的地方进行深度清扫。

我的方式是只在一定的时间内整理一定的地方，绝不会勉强自己。

与整理房间同时进行的事情

- 用计算机看电影或海外剧。有时也听自己喜欢的音乐。
- 将本和笔放在桌子上，一边做家务一边将想到的事情写在上面，制作"今日处理事项及购物清单"（参照P119）。
- 将发现的脏的地方马上清扫干净。
- 将家中重新整理干净后准备出发去工作。

白天

- 去工作。
- 需要买东西的话，就在下班的路上顺便去超市。

从下午到入夜

- 取下洗干净的衣服，放入烘干机中烘干 10min 左右之后取出并叠放起来。

  因为我想在衣服彻底烘干后再进行整理。
- 晚餐的准备工作，和家人共享晚餐。

夜晚

- 沐浴。
- 放松时间。

有时也会出现一些突发事件，但只要在不勉强自己的情况下张弛有度地分配"动"与"静"来安排一天，就可以充实地度过每一天。

Part 3

HOSPITALITY

GIFT IDEA

第 3 部分

款待客人·
礼物的创意

仅仅使用手边的物品，不必大费周折，用很少的工夫，
也可以将待客的热情或感激的心情传递给对方。
自己制作的东西也许并不完美，但那段亲手制作的时
光，却可以瞬时治愈我的心灵。

摆放小点心的创意

　　图片中使用了无印良品的 3 种小点心做装饰。将例如草莓酸奶巧克力这样大小的零食放入鸡尾酒高脚杯中，营造出一个高点。把雪球放在创意小勺中，然后将香草可可饼干叠放在一起，这样可以将不同的零食小点心、用不同的方法搭配到同一个盘子里。在作为底盘的白色长方形盘子中，铺上一层蕾丝碎花边作为点缀。

长方形的方盘 / 购买于奥特莱斯　鸡尾酒高脚杯 / 塞利亚　创意小勺 / 索利亚（购买于乐天）　餐桌垫 / 梦欧堂　蕾丝碎花边 / 购买于乐天

像亨利·沙彭蒂耶小蛋糕这样小的烤制点心，可以摆放在点心台上。哪怕点心台比较小，只要在上面放一个大尺寸的盘子，就可以摆放更多的点心。

杯子 / 弗洛伊德 糖果杯
点心台、盘子 / 购买地不明

可以将在超市中买到的价格适中的巧克力放入水晶玻璃杯中。最近市面上有很多这种单独包装的精致小点心。当有客人到来时可以摆放出来，显得很精致而且也很方便，我总是会买一些备在家中。

玻璃器皿 / 购买地不明
山茶花 / 示例商品

　　图片中的是除了正月和运动会以外很少会用到的套盒，不过像这样外带日式点心时也可以使用。但我在家中，会用它来替代大碗，在盛放做手卷寿司的酸米饭时，或是在煮饭过程中盛放菜品时都会使用。那个带有花纹的盖子，也常常被用作装东西的器皿。

套盒 / 和式花纹冷盘套盒（购买于乐天）　肉齿叉 / 购买于阿加拉杂货　蜡纸 / 塞利亚

　　大的蒸蛋糕，可以像图片中那样切成一口可以吃进嘴里的大小，再插上小叉子后端给客人，看上去显得非常精致。将小叉子作为装饰品可以提高餐品整体的美感，所以我有很多图片中的小叉子来搭配不同的餐品。

玻璃器皿 / 娜赫曼 芭蕾舞星 28cm×14cm　小叉子 / 塔雅玛 派对叉（Party Picks 30 With holder）

图片中展示的是在塑料收纳盒里铺一层纸巾、在上面放上3种油炸蔬菜片的样子。我常常会在孩子的朋友们来家里时,临时端出这样的小零食。因为盒子是塑料的,所以即使是再小的孩子也不必担心把盒子打碎。

塑料收纳盒 / 塞利亚 卡特尔盒
纸巾 / 宜家

图片中展示的是客人作为伴手礼带来的、将布丁和咖啡冻等装在杯中的甜点,只要把盖子取下来放在托盘上就可以端出了。图片中水青色的蕾丝样纸垫是从百元店购买的。其他还有些银色或带花纹的东西,作为装饰的一种特色也可以使用,提前在家中多备上一些,使用起来非常便利。

盘子、勺 / 购买地不明 黑色的
蕾丝杯垫 / 弗朗弗朗 水青色的
纸杯垫 / 塞利亚

将热巧克力中打入掼奶油[注]做成像咖啡一样。在掼奶油上点缀一些镀银砂糖，可以将餐品装饰得更加华丽。若是撒上不同大小的镀银砂糖，看起来会更加精致。

马克杯 / 韦奇伍德　土耳其花毯纹

饮料中也要饱含心意

⊖ 又称搅打稀奶油，在新鲜奶油中加入稳定剂、蔗糖后用机械方法混入空气，使其膨胀而制成的乳制品。
——译者注

图片中是一杯满满漂浮着小棉花糖的热巧克力。融化了的棉花糖会变得像奶油一般绵软，非常美味！这是连小朋友都喜欢的既美味、又可爱的热饮。

碗 / 玛丽碗　马克杯 / 安瑟鲁保罗杰

图片中是将打碎的软质咖啡冻和炼乳加入牛奶的一种饮品。当初制作咖啡冻的时候，就想到要做出这样的一道饮品。炼乳也可以浇在草莓或冰激凌上食用，所以我经常会买一些存在家里。

玻璃杯 / 都诺宝 迪斯科　杯垫 / 购买于乐天　勺 / 休闲产品 挂耳勺

放在高脚红酒杯中的是加入了豆奶的浆果汁。混合在一起后制成了稍微有一些浆果味道的可口饮品。这是源于我之前曾尝试着把残留的一点儿豆浆混入果汁中，觉得非常好喝以至于一饮而尽。其实将豆奶与蔬菜汁混合在一起也非常美味。

红酒杯 / 伊塔拉 经典红酒杯　纸吸管 / 购买于乐天

图片中展示的是咖啡或红茶的伴侣。我非常喜欢这个红茶罐和放冰糖的瓶子的设计，所以它们都作为收纳用品和保存容器被我再次利用。分别在里面装入从百元店买来的一次性搅拌匙和砂糖，然后就可以开始美好的下午茶时光了。

左 / 米歇尔森格雷伯爵茶糖（液体糖浆⊖）的瓶子
右 / 缇树红茶罐

⊖ 喝冰咖啡时由于放砂糖不易融化，所以用液体糖浆来增加甜度。——译者注

预想之外的餐食
也要认真对待

盘子 / 宜家 缇西卡　直径 31cm　刀叉 / 弗朗弗朗　杯子和杯垫 / 酷尼子 咖啡吧 英文字母 Espresso Doppio　埃菲尔铁塔模型 /古蒂·古拉姆斯·阿豆　字母餐巾纸镇纸 /塞利亚

和客人一直在聊天，当突然意识到时间的时候发现肚子已经饿了，就立刻去叫了外卖回来。从盒子里拿出的外卖披萨，转放进黑白搭配的大盘子里。玉米汤是用存放在家里的奶油玉米和清汤加入牛奶后用锅加热做的省时料理，传递对客人的友好之情。

我经常会做一些小吃给正处于长身体阶段的孩子和他的小伙伴们。一定会有的是用家里电饭煲中的米饭很快就做好的饭团。薯条能够填满便当盒的角落，我常常会在家中备一些类似的冷冻食品，在这样的时刻油炸起来也很方便。这些美味可以用刚好能放下一人份的宜家托盘端出。

盘子 / 卡勒　乌苏拉 21cm×15cm 盘　玻璃杯 / 多莱斯　托盘 / 宜家　纸巾 / 塞利亚

加入了葡萄干和干果的法棍面包在稍加烤制后，再放上奶油干酪、生火腿、橄榄等就成为一道简单的前菜。图片中搭配的餐具是用砧板代替了盘子，因为这个砧板很漂亮，可以直接端上餐桌，所以我并没有用它来切菜，而是直接当作餐具来使用了。此外，砧板还可以承受176℃的高温，所以有时候也用作锅垫，应用范围非常广泛。

砧板 / 艾美

从便利店买来的便当，在下面铺上餐桌垫，不要用一次性筷子，而是在筷子架上摆放好自己的筷子，这样就可以简单地完成一道用来招待客人的餐品。

餐桌垫、筷子架和木碗 / 弗朗弗朗
筷子 / 百元店橙子

将从超市里买来的手卷寿司切成一口能吃掉的大小，然后盛放在盘中就可以作为一道餐品端出了。甜姜片放在盘子中央的鸡尾酒杯中，使得整个搭配看起来高低错落有致，也提升了餐桌整体的档次。

黑盘子 / 弗洛伊德　方盘 / 购买地不明
鸡尾酒杯 / 塞利亚

吃甜点就像欣赏令人愉快的演出

填满了鲜奶油的卷筒蛋糕，按照一人份的量切好后放置在盘子中，然后再配上色彩丰富的水果就可以开吃了。思考以怎样的风格装盘端给客人真是一件非常快乐的事。

盘子 / 棒冰爱棒棒 粗花呢纹蛋糕盘刀叉 / 库奇波尔 月光　玻璃杯 / 都诺宝 迪斯科

图片中展示的摆盘，是将摘掉顶端叶子的草莓立着排列在漆器盘中的一种方式。这种将相同的东西有规律整齐排列的摆盘方式经常会用到。中间放置的是装在玻璃杯中的炼乳和小叉子。如果有人喜欢沾着炼乳吃草莓，这样放就很方便。

盘子、放着炼乳的玻璃杯 / 购买地不明　水果针 / 公主的钻石鸡尾酒针（装着水果针的）小玻璃杯 / 塞利亚

我经常会买家庭装的冰激凌，然后混入水果或是坚果、小甜点等家人爱吃的东西，做成我家独有的冰激凌，整个过程十分有趣。我们家喜欢添加的有香蕉、棉花糖、奥利奥饼干和胡桃！我也推荐在圣诞节期间加入切碎了的薄荷味糖果。

碗 / 塞利亚　木刀叉 / 停产商品　保存用容器 / 丙烯罐 迷你　砧板 / 艾美

One day's Table Setting

某日的餐桌布置

正餐的餐桌布置

想用精致高雅的大餐款待自己的闺中密友。我想布置出一顿一边喝着红酒一边品尝餐品的家庭正餐，所以将两个白色的盘子叠放在一起进行布置。用蕾丝代替餐巾环装饰餐巾用以配合餐桌垫的视觉效果。由于只是轻轻地系了一个小结，所以非常容易打开。

餐桌垫 / 驰丽维赫　红酒杯 / 伊塔拉 精品红酒杯　餐巾 / 无印良品　刀叉 / 库奇波尔 月光镜面　下面的盘子 / 利贝拉　直径 30cm 平盘　上面的盘子 / 弗朗弗朗

夏日的餐桌布置

　　夏季典雅且清爽的餐桌要这样布置。大尺寸的白盘子上铺设小的白色石子（参照P27），在上面放置透明的盘子，以此为盛放餐品的基台。餐桌垫也得是白色的，在白色与透明色的世界里，加入金色的刀叉可以提高其典雅度。海星状的餐巾环也是夏季餐桌展示中非常重要的一个物体。

白色石子 / 百元店橙子　下面的盘子 / 利贝拉　直径 30cm 平盘　上面的盘子 / 银河系（Galaxy）直径 32cm 盘　餐巾 / 宜家　刀叉 / 弗朗弗朗　餐桌垫 / 驰丽维赫

One day's Table Setting

正月的餐桌布置

图片中展示的是在漆制正方形的底盘上面叠放不同尺寸的盘子而做成的正月餐桌布置。虽然白色餐具和黑色餐桌垫的搭配看起来有些单调，但是增添上银色的筷子架和充满视觉冲击力的大丽花，就形成了一种非常日本风的感觉。

盘子 / 购入地不明　玻璃杯 / 伊塔拉 卡迪奥 热忱　餐桌垫 / 驰丽维赫　筷子架 / 弗洛伊德 闪静　筷子 / 百元店橙子　仿真花 / 宜家

临时午餐的餐桌布置

　　图片中展示的是想要优雅度过午餐时光的一种餐具搭配方式。接近白色的银色以及淡粉色是我非常喜欢的一类搭配色。既不失典雅，又非常可爱，在这样简单的装饰中，我选择了造型非常圆的盘子。为了不使整体看起来浑浊，我选择了有透明感的蓝灰色玻璃杯来衬托整体的色调。

餐桌垫 / 驰丽维赫　盘子 / 唯宝　直径 29cm 曼彻斯特深盘　玻璃杯 / 伊塔拉　卡迪奥 平底玻璃杯（灰色）刀叉 / 我的房间　仿真花 / 弗朗弗朗

想象客人的笑脸

图片中展示的是百元店里小号的英文大写字母图样的包，它可以装着单独包装的小点心、用来作为送给朋友的礼品袋。这个袋子原本是用来装绿植或是花朵的，但是也可以像照片中那样作为装礼物的小袋子。我推荐利用家中剩下的丝带在提手上系一个小的蝴蝶结。

英文大写字母图样的包 / 塞利亚

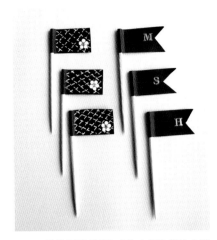

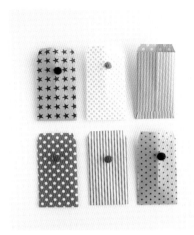

用美纹纸胶带⊖做成的小旗造型的水果叉，只要稍加修饰就会使其更加个性化。在纯黑色的美纹纸胶带中贴上百元店出售的指甲贴纸来体现客人姓名的首字母，或是用白板笔手写字，尝试着做出成熟范儿的旗子。

用标准尺寸的折纸做出装压岁钱的小红包。在百元店里有各式的折纸，您可以选择自己喜欢的花纹和颜色。在纸袋上粘贴小圆球用的双面贴也是在百元店里买到的。

折纸 / 塞利亚 大创　小圆球 / 塞利亚

想把收到的礼物分送给别人时，或是想让客人把特产带回家时，就可以灵活使用保存在家里的各个商场的纸袋了。只要在商场纸袋的提手上系上一条丝带，就可以变身为让人兴奋的礼物袋了！丝带即使很短我也会保留，然后活用在各种不同的场合。

我把情人节烤制的可可饼干一个一个都用蜡纸包好，然后在上面放一颗用红色画纸做的小桃心。蜡纸可以很好地保存食物，所以不要随便撕掉，要在家中常备一些。最近在 3 个铜板或百元店，出现了很多有漂亮花纹的蜡纸，这样一来也增添了使用的乐趣。

盘子 / 弗朗弗朗　蜡纸 /3 个铜板

⊖Masking Tape，简称 mt 胶带，颜色、花纹样式繁多，极具装饰性，在日本有 mt 官网。——译者注

混搭是我的装饰风格

我仿佛一直就对单调或简单的东西情有独钟，
当时虽然都是无意识地，
但自然而然地就将它们都收集在了我的家中。
真正开始客观地认识到自己究竟是被什么样的物体所吸引，
还是从通过博客接受采访、写书的时候开始的。
一边在无意识中说出自己自然而然做的事情，
一边将其变为文字，这才意识到自己的喜好是"混搭"。

我想，若是喜欢单调，喜欢简单，
就非常容易将整体印象变得冷漠无情，
仅用黑白色的搭配，
整体空间就会显得非常坚硬，无法让人放松。
但若在其中增添一些材质柔软的东西，或是造型线条柔和的物品，
抑或放一些装饰仿真花，空间就会变得华丽起来，而给人一种治愈感，
我会有意识地在黑白的搭配中增加白色的比例来调整混搭的程度，
我的心境也由此变得更好。

即使是同样的东西，有光泽的和无光泽的给人的感觉也是不一样的，
我们以餐桌的布置为例，
刀叉从银质的换成金色材质的，都会提高整体装饰的典雅度。
虽然有些太过于烦琐了，但我认为印象就是通过细节决定的。

说起印象来，色彩的选择也非常重要。
由于色彩的色调也是重要的因素，
所以要选用符合当时氛围和季节印象的颜色作为配色。

最近，我发现自己不仅限于室内装饰，就连在时装及包里装的东西等
平时携带的物品搭配上，也形成了一种混搭风。

每个人能让自己开心的风格都是不同的，
专念于自己选择的东西，认真对待和使用那些物品，
就会感到自己的生活和幸福相关联。

Part 4

RIBBON

MASKING TAPE

PAPER NAPKIN

IDEA

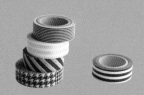

第 4 部分

丝带·美纹纸胶带·
餐巾纸的创意

有许多美纹纸胶带或餐巾纸都设计得非常精美，
不自觉地就收藏得越来越多。
能把它们用在什么地方呢……
从别的物体上取下来的丝带也堆积得越来越多。
若是有一种简单到谁都可以套用的创意模板就好了，
这样就可以一边享受生活，一边灵活地使用那些物品了。

丝带的活用法

礼物上带着的丝带，用剩的不长不短的丝带，都可以通过简单的创意得到活用。

　　图片中是利用剩余的 3 截短丝带做成的包装。把宽一些的黄色丝带绕中央一圈后，用贴纸将其固定。然后在贴纸处用细的黑色丝带打一个蝴蝶结就完成了！这是一个轻松就可以消费掉难以使用的短小丝带的包装创意。

　　面包房卖的装在塑料袋中的面包经常是用带有塑料纸的金属丝来进行扎口的，其实只要将其换成丝带，就会充满生活感，面包也会像装饰画一般。长度适当的丝带，可以作为面包袋的密封工具放入厨房的抽屉中。

Ribbon

这幅图片和 P92 左边的图片一样是用短丝带进行包装的创意。只要这条丝带可以沿着最宽面绕一圈即可，丝带两头结合的部分可以粘贴上包装用的标签。

包装标签 / 梦欧堂

图片中展示的，是用从百元店买来的、内有金属线的银色丝带做成的餐巾环。做圆环的时候要注意将其剪成能够放入餐巾的尺寸，丝带结合的部分用双面胶固定即可。双面胶在百元店就可以买到。因为需要将丝带黏合，所以在家中常备双面胶的话，使用起来会更加便利。

盘子 / 唯宝　直径 27cm 的新浪潮 2619 四方平盘
餐巾 / 玛丽马克　仿真花 / 大创

丝带的活用法

想给朋友送去甜甜圈或蛋糕作为礼物，那就在包装盒外面绕一圈丝带吧！只需稍费工夫，我们就可以一边想象朋友收到礼物后的笑脸，一边把丝带缠绕在包装盒上。这时我推荐使用双面的丝带，这样就不用在乎正反，轻松地用丝带打一个漂亮的蝴蝶结。

盘子 / 伊塔拉 爱可早餐浅碟　餐桌垫 / 驰丽维赫

我们可以在红酒杯的杯脚处系上一根丝带来替代玻璃杯自己的标志。图片中使用的是带有水珠花纹和带有白色竖条纹的两种丝带，选择这类只有单调的花纹变化的简洁样式丝带，会给人以清爽的感觉，并且不会对桌上的餐品搭配产生干扰。

红酒杯 / 伊塔拉 精品红酒杯　水珠花纹丝带（水滴厚斜纹绸）/ 东京丝带（购买于乐天）　白色竖条纹丝带 / 购买于乐天

Ribbon

　　图片中是用于餐桌布置的刀叉。用丝带将叉、勺和刀整理在一起显得非常精致。使用绸质的丝带可以让整个造型蓬松而充满立体感，非常可爱。

刀叉 / 弗朗弗朗

　　彩纸可以用作包装纸来包小的东西。白色、黑色，或是青色的彩纸看起来非常简洁干净，我推荐大家使用。当想把书当作礼物时，可以模仿从书店买回时的样子，先用彩纸包装，然后系上丝带，非常轻松就完成了礼物的包装。图片中是蒂凡尼配色的包装样例。

装饰品 / 弗朗弗朗（取下细绳使用）

美纹纸胶带的活用法

收藏各式的美纹纸胶带，有花纹的，纯色的……
使其成为日常生活的主色调。

为了让别人知道包在铝箔纸中的饭团是什么馅，可以在外面贴上和馅料颜色一样的美纹纸胶带。红色代表梅干，茶色代表鲣鱼或是炸物，橘色代表鲑鱼，粉色代表鳕鱼籽，等等。没有花纹的东西不仅仅便于在上面写字，就像这样通过颜色进行区分时也可以使用。

餐盒 / 海鸥椭圆餐盒（Seagull Oval）

这是一位享受精致生活且很具有审美意识的博主教我的一种装饰牛奶包的创意。虽然图片中使用的是美纹纸胶带，但那位博主经常使用的是用剩下的贴纸，同样也可以达到这样美观的效果。把贴了贴纸的牛奶包拿给客人，一定会得到他们的热情的回应，话匣子也就此被打开了。

Masking tape

图片中的小点心，若直接这样放在器皿中端出，可能会让人觉得有一些空洞，其实只要用有可爱花纹的美纹纸胶带做一枚小旗子插在上面，从视觉上就会让人觉得更加华美，让人更有食欲。若是将旗子做成横长的三角形，那么精美度又会更上一层！

盘子 / 伊塔拉 蒂玛　直径 26cm 盘

带有花纹的宽幅丝带一般用来包装贵重的物品，但是因为总是很难找到自己喜欢的花纹，于是我就用美纹纸胶带来自己制作。其实就是将普通的丝带绑好后，贴上带有自己喜欢纹路的美纹纸胶带而已！通过丝带的颜色和美纹纸胶带的花纹的组合可以产生不同的搭配效果，非常有趣。

美纹纸胶带的活用法

这张图片展示的也是丝带与美纹纸胶带配合使用的包装创意。竖着的方向用宽幅的美纹纸胶带，横着的方向用丝带，这是一种十字风格的包装法。若是单用一种材料在做十字风格时不够长的话，可以尝试使用这样的方法。

鳄鱼皮质纸盒 / 塞利亚

当举行多人聚会的时候，即使没有杯子的标签，只要贴上美纹纸胶带，就可以知道自己的杯子是哪一个。如图片中那样，将美纹纸胶带绕杯子一周粘贴的样式就非常美丽。在吸管上贴上一个小旗这样的装饰方法也很别致。

岩石杯 / 塞利亚　吸管 / 塞利亚

Masking tape

布置餐桌时，有一种摆放筷子更为精巧的方法。那就是用美纹纸胶带，将一双筷子粘在一起，使用时只需将其拨开即可！在和式的餐桌上，将色调统一为金色或银色，即可营造出一种既时尚又简约的餐桌装饰风格。

盘子 / 棒冰爱心棒棒 粗花呢纹蛋糕盘　筷子 / 百元店橙子

图片中展示的是用 3cm 宽的美纹纸胶带做的小叉子。要领和做旗子时是一样的，将美纹纸胶带粘在木棒上，然后把其中间搓到一起即可。右侧的是用两种颜色的普通尺寸的美纹纸胶带粘在一起做成的。看上去就像是丝带一样非常可爱！您可以插在蛋糕上试试。

盘子 / 弗洛伊德

餐巾纸的活用法

欣赏花纹，或是灵活发挥其柔软材质的特征，抑或是将其放入盒中作为室内装饰的素材，这里有万能的活用餐巾纸创意。

写着商品名和使用说明的清洁滚刷的备用滚筒，可以卷上餐巾纸进行保存。同样地，也可以将有着可以搭配卫生间色调的花纹或颜色的餐巾纸卷到卫生纸卷上进行收纳，这也是卫生间装饰的一种方法。

餐巾纸 / 宜家

将英国松饼三明治的底边和右边切平，然后用包裹专用 OPP 袋子⊖和餐巾纸一起包装食物。最后用美纹纸胶带将包装封住，再打一个十字纽即可。

餐巾纸 / 塞利亚

⊖聚丙烯袋，即塑料袋。——译者注

Paper napkin

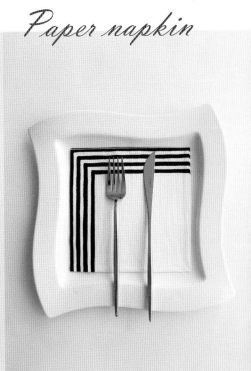

可以将有着美丽花纹的餐巾纸垫在透明的玻璃器皿之下，看上去就像是盘子带有的花纹一般。这样的活用方式餐巾纸不会脏不会破，也不会湿，可以重复利用，是不是觉得很划算呢？像玛丽马克那样价格比较贵的餐巾纸，可以用这样的方法来多次利用。

餐巾纸 / 玛丽马克

将买来的餐巾纸，就按照其原本包装的那样原封不动地放入四角形的盘子里，盘子的整体风格就会截然不同。在我家里有很多的白色餐具，我就是通过这种方法来享受花纹带给我的快乐。

盘子 / 唯宝　直径 27cm 的新浪潮 2619 四角平盘
餐巾纸 / 弗朗弗朗　刀叉 / 库奇波尔 月光

餐巾纸的活用法

最近我的女儿也开始对做饭产生了兴趣，经常会好奇地站在厨房，于是我家的餐具也增多了。即使我也在努力减少餐具的数量，但无可奈何的是我还是不得不经常把餐具叠放在一起。这时，在餐具与餐具之间，我用餐巾纸替代了软垫。通过对餐巾纸不同的折叠方法可以应对不同尺寸的餐具，非常便利。

盘子（上）/ 棒冰爱棒棒 粗花呢纹蛋糕盘
盘子（下）/ 弗朗弗朗　餐巾纸 / 购买于乐天

这张图片展示的是和 P100 的英国松饼三明治的食品包装一样的 OPP 袋和餐巾纸搭配使用的包装方法。左边是用丝带做成提手一样的小包形，若是没有自己喜欢的包装纸，可以像右边的那个一样，使用自己喜欢的餐巾纸来进行包装。

餐巾纸（左）/ 宜家　餐巾纸（右）/ 玛丽马克

将餐巾纸叠放整齐，可以成为餐桌布置的一部分

如图片中那样将餐巾纸叠放在正方形的盘中，或是将餐巾纸放入奢侈品牌的商品袋中摆在餐桌上。在没有餐巾纸盒的家中我们也可以使用家里现成的东西来灵活摆放餐巾纸。

两种颜色的餐巾纸 / 宜家　盘子 / 百思·佰乐萨　山茶花 / 非卖品

将 40cm×40cm 的餐巾纸变小的折叠方法

1

将餐巾纸在桌面上展开。

2

以中心线为轴，左右两边分别对折。

3

然后沿中心线对折，成为细长的长方形。

4

以长方形的中央为轴，上下两边分别对折。

5

沿中心线对折，完成。

丝带·美纹纸胶带·餐巾纸的收纳

丝带

手工制作的丝带盒使用起来非常便利

　　图片中是将从百元店买来的礼物盒的盖子的一侧剪下一部分，然后从盒盖的后面与盒子连接而制作的丝带收纳盒。因为盖子可以自由地开合，所以可以很轻松地拿取丝带。将成套的丝带放入盒中，只需抽出自己想用的那一根丝带即可。而且可以轻松地抽出自己需要的长度，使用起来的心情也超棒！盖子上可以利用剪报的纸或是自己喜欢的贴纸来进行自由的装饰，DIY 的过程真是充满了乐趣。

　　无印良品的丙烯纸巾抽盒本体，其尺寸也正好适合作丝带的整理收纳。

黑盒子／塞利亚　丙烯盒（纸巾抽盒本体）／无印良品

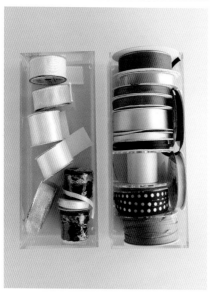

美纹纸胶带

一眼就会看到手头所有胶带的收纳方式

因为美纹纸胶带的使用频率非常高，所以我很在意其收纳方式是否便于拿取，是否可以很快找到自己想要的那一个。如图所示这个符合所有条件的盒子，是我在百元店里发现的。这个盒子并不高，所以不会把美纹纸胶带埋在其中，拿取起来非常方便。把这个盒子放到抽屉中，从上面也可以一眼看到自己所拥有的各种胶带，我真是太喜欢这个收纳盒了。

透明盒 / 塞利亚 尤尼松 透明硬壳盒

餐巾纸

将纯色和带花纹的餐巾纸分开收纳

餐巾纸的收纳非常占据空间，特别是重复购买那些有着不同图样的宜家的餐巾纸。一包纸很大，需要占用一定的收纳空间，所以想要将手头所有餐巾纸一起整理是非常困难的。因此，我会将纯色的餐巾纸和带花纹的餐巾纸分开整理。一般选择较高的收纳用品，同时为了很快地找到自己想用的那一种，我选择竖起来存放。

左边的白色收纳盒 / 宜家 右边的收纳袋 / 披利耶

专栏 4

关于整理的随想

有人喜欢待在东西少，而且整理得非常有序的空间里，

也有人不喜欢待在整理得非常整齐的空间中。

对于让人感觉安稳的空间，每个人都有着不同的定义，

但无论是什么样的人，对于整理的好处，认识都不谋而合，

那就是我可以很快找出自己想用的东西。

不用在找东西上花费太多的时间，那么就会顺利进入下一个过程中，

事情就会向前推进。

到处翻找东西很累，有时也许还要全家总动员！

这样无序的翻找，实在是浪费时间。

然后还会产生"如果没有的话该怎么办啊……"这样的不安，于精神方面也是非常不宜的。

我每年都会在年初定下目标，其中的一个就是"充分利用时间的方法"。

总觉得自己有许多不得不做或是非常想要去做的事情。

如果将重要的一天 24 小时，

用在找东西上的话，我觉得实在是太浪费了。

所以从这个角度去考虑整理问题的话，真的不只是看起来会更加整洁而已，

你会明白这与珍惜时间、使内心舒畅是息息相关的。

身体不好的时候，心情低落的时候，

忙碌的时候，总是不能如自己的希望去做一些事情，

这些时候好好休息就可以。

在 P68 中我也说过，我每天早晨，都会将拿到外面的东西
再放回到固定的收纳处，进行这种复位式的整理。

我也确实体会到了，每天花一点儿工夫就可以让家务的流程变得顺畅
起来。

如果好好整理既是餐桌又是工作桌的桌面的话，
不用费工夫挪开桌面的杂物，很快就可以进入工作状态，
如果没有一个当您想"做吧！"时马上就可以行动起来的环境，
就无法维持自己的动力和干劲，
很容易就产生"下次再做吧"这样的状态。

请您无论如何把这个"复位整理"的项目放入您生活的每一天里的任
意时刻。

也许您还不知道其实在自己没有尝试过的事物中也存在着许多的乐
趣，所以从现在起慢慢把整理变成一种顺其自然的事情吧。

我自己也属于那种如果目标过于大，则不会坚持下去的类型，
因此在我如今的生活中，
拥有很多只要稍微努力就会实现的小目标，
自己也一直专念于"继续那样"的生活方式。
就这样按照自己的性格特点去改变目标的大小，
可以坚持下去的事情变得多了起来，结果，自己也变得更开心，
更加喜欢整理了。

Part 5

COMFORTABLE
LIFE IDEA

第 5 部分

舒心生活的创意

我认为在生活中，拥有一些确切的理由可以与舒心的生活联系起来，比如自己独有的"情结"，"为什么要这样做"，"为什么要选择这个东西"等。

对于我来说，这些细小的独有情结，是可以使生活更加顺利、舒适的重要因素。

收集花纹及色彩的享受

简单普通的横竖条纹是我喜欢的花纹之一，一旦看到就会不假思索地购买。因为黑白组合非常具有视觉冲击力，所以经常会用作视觉焦点，就像图片上那样，只用黑白两色来装饰，就可以享受简单又清爽的世界。根据搭配不同，有时会有可爱的感觉，有时又会产生很炫酷的成熟感。根据场合不同可以体会到各种变化，这也是最常见的横竖条纹的魅力。把使用墨鱼汁制作而成的时尚又漂亮的蝴蝶意面放入玻璃罐中保存，还可以当作装饰品来展示。在小竹签上绑一个条纹的丝带，就可以变成在派对上使用的非常可爱的小叉子。

蝴蝶意面（马利拉·法露法利尼·斑马纹）/ 昆朗精品店　马克杯 / 哈德森米德尔顿　下面的盘子 / 宜家　上面的盘子 / 网上购买　美纹纸胶带和装饰水果 / 购买地不明　餐巾纸、玻璃罐 / 弗朗弗朗

虽然我家单一化的东西很多，但是在小物件上通常会使用反差较大的颜色，希望保持一种新鲜感来享受日常的生活。因为非常喜欢暖色系的颜色，所以经常将其作为反差色，我很喜欢图片中那样可爱的粉色，也收集了不少小物件。粉色对于我来说是可以让我安心的色彩，可以温暖我心灵的色彩。并且，我的情绪也会随之变得轻松愉快。洋装

虽然基础色调的比较多，但我可以选择搭配粉色的手帕。照片中的装饰花是粉色的蔷薇，当初购买的原因是我想将其放入玻璃杯中作为餐桌布置的一个亮点。

仿真花 / 弗朗弗朗　纸吸管 / 购买于乐天　两种丝带 / 平行　餐巾纸（粉色无花纹）/ 宜家 餐巾纸（有花纹）/ 卡斯帕里时尚纸巾　美纹纸胶带、胸针 / 购买地不明

沉浸在再创作的欢乐中

简约的黑色餐具上装饰着施华洛世奇的莱茵石。利用装饰专用黏结剂，我也成功地将宝石装饰得很漂亮。虽然无法在微波炉、烤箱和洗碗机中使用，但是用热水清洗也不会掉落，看到这些闪闪发光的宝石我就开心，在很长的一段时间里都非常喜欢用它。

马克杯 / 伊塔拉 蒂玛　四角小碟子 / 关店促销时购买　施华洛世奇莱茵石 / 购买于乐天　装饰用黏结剂 / 胶结剂超市　X 洁净（X Clear）

即使没有精致包装的外文书、没有适合用作装饰品的书，我们也可以为其包上书皮亲手制作。上面的两本包上了白色的特种纸。从下往上数的第二本包着的是人造革的封皮。其他的也可以使用磨砂纸、海报、商品目录，或者用杂志的一页来当作书皮。在书脊贴上英文字母的标题，就有外文书的感觉。非常建议将经常放置在身边的书制作成这样，使它们成为装饰的一部分。

英文字母镇纸 / 塞利亚

有着细腻设计的玻璃器皿有时边缘部分会稍微欠缺一点，作为餐具使用会比较危险，但是可以稍微加工一下做成花瓶或者小物品收纳杯。在边缘反复涂抹含有银线的指甲油，就可以将细微的缺口覆盖。指甲油使用的是百元店的商品。

指甲油 / 塞利亚

装饰挂盘可以将有纪念意义的照片或者喜欢的明信片衬托得很漂亮。我家的装饰挂盘是纯粹的全黑和全白，就像是一张油画布。白色的用来收纳试香纸，大尺寸黑色的作为展示首饰的收纳。

装饰挂盘（黑·白）/ 小可爱

高效率的收纳

用来给家人拍照或者拍摄上传至博客的照片的照相机，是我日常生活中不可或缺的重要工具。因为是必须要小心仔细对待的物品，所以我选择了放入时触感柔软，并且方便取出的没有盖子的收纳用品。这是我的照相机的"家"，是可以移动的"家"，有时候也会将其单独作为收纳篮放在需要的地方。

篮子 / 弗朗弗朗

切掉百元店购买的尺寸是23cm×23 cm×9cm 的纸袋包含黏合处的上半部分，做成了可以收纳毛巾、手帕和袜子的收纳盒。标签也是用百元店的塑封膜制作的，中间夹了些贴着英文字母的纸片。塑封膜也可以用在中间是透明的无印良品的抽屉上，用于遮挡抽屉里的东西，开动脑筋就可以开发多种用途。

纸袋、塑封膜 / 塞利亚

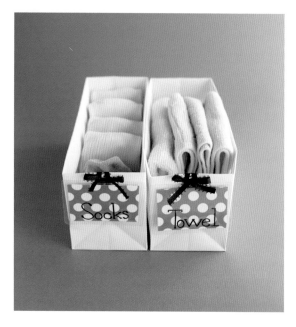

关于 CD 和 DVD 的收纳，只需把光盘放入收纳盒里面。光盘收纳也分成 CD 用和 DVD 用两种来管理。原来的塑料壳统一整理起来放到别的地方。如果只是光盘的话，不仅可以干干净净收纳得很漂亮，而且通过印在光盘上的图案或图片就可以知道里面是什么作品。因为比较直观，所以即使是小孩子也可以轻松找到。

收纳盒 / 停产商品

在厨房小炉子的背面也有收纳的场所，虽然没有放厨房用品，但是也放着可以让生活更加便利的东西。其中一种便是"医院系列用品"。里面放有装着各个常去就诊医院的保险证、诊查单等的卡包、药物单、账单及收据、母子手账等归为一类进行管理。去医院的时候可能会很着急，从这里拿出卡包和药物单马上就可以出发。

收纳盒 / 大创　姓名牌 / 梦欧堂（购买于乐天）

将香味带入生活

人们平时是通过五种基本感觉来生活的，嗅觉也是其中之一，是经营生活不可或缺的东西。如果使用我喜欢并可以让心情愉快的香水，那么我的心灵也会归于平静，情绪也会兴奋起来，生活就更加滋润。特别是玄关及卧室使用的室内用香水很重要。纺织物用香水可以喷在睡觉用的被褥上。在睡觉前，喷一点枕头用香水，可以创造一个良好的睡眠环境。

（照片从左到右）室内用香水/蒂普提克（浆果香）　纺织物用香水/洗衣妇（婴儿）枕头香水/朵昂思（薰衣草）　香水/香奈儿

拥有特别的衣架

我家的衣架都是从玛瓦买来的，使用时衣服不会滑落，而且质地轻薄、造型简单，可以放置在衣橱中。另外我在家中也准备了一些造型别致的衣架，以供临时挂衣物用，或者挂客人的外套时用。

有山茶花的衣架/小可爱

拥有不同用途的围裙

因为喜欢围裙，所以在做家务活的时候就会穿着。一系上带子，就有一种"好啦，开始干活吧"那种非常有干劲的感觉，就会迅速行动起来。因为非常喜欢它的样式而买了稍贵一点的围裙，在来客人时，或者去不远处买东西的时候穿着；而在洗涤物品时就穿上平时的围裙，我就是这样把现有的围裙根据用途不同分开使用。平时使用的围裙我一般会在弗朗弗朗买。

左边的围裙（来客，外出用）/尼塔设计　派对围裙 右边的围裙（平时使用）/ 弗朗弗朗

轻松搬运行李

拉杆箱的物品整理原则是确保一个动作就可以拿出来想要拿的东西。使用一些便携小袋或者小包，根据类别不同分开收纳，然后还可以依据需要塞在物品之间，起到固定的作用。百元店买的带拉链的袋子也可以这样使用。因为拉杆箱一般都是竖起来用，所以要把易坏的物品放在中间，周围放上衣物或是毛巾等柔软的东西当作缓冲，然后就可以安心使用了。

拉杆箱 / 日默瓦　左上的盒子 / 拉杜丽　右上的盒子 / 工匠和艺术家左下的盒子 / 弗朗弗朗　右下中央 /蜜桃派

选择省时的工具

我家没有电热水壶，而是使用水壶来烧水。因为水壶不用收起来，平时就放在炉子上，所以在选择时就会精心地挑选色彩和设计。早上的时间是非常忙碌的，想要尽量快一点将水烧开，所以选择了底面比较宽的设计。这个水壶的设计、色彩，以及实用性我都非常满意。

水壶 / 野田珐琅

放置能够有效利用
空间的收纳用品

我家厨房的操作台不算大，为了尽量保证留有宽阔的空间，就放置了可以充分利用垂直空间的收纳用品。面包放在下面，上面是使用频率较低的调味品及拌饭料。有时会因为工作不能在家，为了不让孩子饿肚子，放面包的地方总不会空着。

多层柜子 / 卡特尔 康宝尼比利
拌饭料罐 / 易威奇 白色收纳盒 /
大创

轻松处理厨余垃圾

　　我家的厨房里并没有放滤水盒或三角滤水器一类的工具，因为我们已经习惯了马上擦干刚洗完的东西，在厨房的三角地带放的是可以存放塑料袋的收纳盒。做饭的时候就像图片中那样，放一个袋子可以收集所有的厨房垃圾。水池平时会用除菌剂来擦洗，菜板和菜刀会放在同一个收纳空间中。

盒子 / 大创

通过制作清单有效利用时间

　　我常常会将便签、便签托和日程本放在一起。那些都是我日常生活中不可或缺的道具，无论是在工作中使用还是记录一些奇思妙想，甚至是列一日清单和购物清单时也可以使用。考虑一天要做些什么或买些什么，比起坐在那里认真思考然后再写下来，不如早晨在做归位整理的时候或是做清扫的时候将想起来的事情随手记录下来更好一些。所以应该把这些东西如图所示放到书房的桌子上，然后再开始做家务。

便签 / 摩涅莫辛涅 A5 尺寸 笔记便签 + 便签托

向便利的方向转变

想用冰箱里的菜做汤的时候，要是发现自己还存有可以使用的碎切西红柿，甚至还有玉米，真的要欣喜若狂了。我之前都是保存罐装的食材，但是后来发现有纸盒装的时候就全部买成纸盒装的来保存了。因为直角的纸盒可以正好放入收纳空间中，使用完之后还可以折叠，所以扔的时候也很方便。纸盒包装用手就可以打开，从节省时间方面来讲也非常好。

分类集中保存冷冻的物品

我一般一周买 3 次食材。肉类的话我只买那个时间段里可以吃完的量，所以不进行冷冻。我家冰箱中的常备食材是，切成方便使用的培根块和葱段。我也会经常烤一些面包然后冷冻起来，经常使用的食材我会将一次能够吃完的量放入冷冻袋中保存，冷冻袋的外面也会标注放入冷冻袋中的日期。

选择利于维护保养的物品

　　若起居室里的椅子坐上去很舒适的话，那么就会增加家人在饭后放松聊天的机会。我们家在椅背上放了一个软垫也是出于这种考虑。若是再选用一个即使脏了也可以用湿布清洁的人造革的软垫外套就更好了，它易于维护保养，即使有小孩子的家庭使用起来也会非常方便。

人造革的软垫外套 / 购买于乐天

用喜欢的厨具，愉悦烹饪时间

　　做饭是每天的功课。因为每天要在厨房里待很长的时间，所以在选择厨具的时候我非常谨慎。我会从设计、使用便利性、清洗便利性这三个方面精心挑选。图片中就是我非常钟情的厨具。自己喜欢的厨具可以调动自己的情绪，做饭的过程也变得享受起来。

白色保存容器 / 野田珐琅　圆勺子 / 柯优卡　勺子架 / 阿莱西　哔哔　厨房用剪刀 / 弗朗弗朗　意面计量器 / 阿莱西　薄纱　发泡器 / 酷彩

从厨房巾到抹布，
充分利用白色抹布

上下两张图片中的白巾虽然是一样的东西，但上面的其实是之前我家厨房用过的厨房巾，是用薄了或是稍有些破、用旧了的一部分，然后将其降格成了家里的抹布。为了便于取用，我将它们竖着收纳，和洗脸海绵以及处理洗脸用废物的盒子放在一起。若是厨房使用的我会将它们叠放在一起进行收纳。洗过的毛巾我会放在最下面，使用时从上面取用，这样的话每一块厨房巾都会受到同样程度的损伤，这样就可以成批地将用旧的厨房巾替换成新的。

厨房巾 /LEC 白巾 60
收纳盒 /squ+ 收信箱（InBox）

使用大小合适的白色容器进行整理

　　洗涤时会用到的洗衣液或是柔软剂，抑或是（有色衣物也可以用的）漂白剂等，我会放在同样型号的容器里保存，然后贴上防水标签进行管理。这个白色的容器原本是储存我喜欢香味的洗衣液的瓶子。后来我将它的标签摘下就变成了图片中那个纯白色的瓶子，然后我将柔软剂和漂白剂也装入同样的瓶子里组成了"三人组"，现在还在用着。这种容器我推荐大家选择分量不沉、尺寸容易操作的类型。

洗涤洗剂（可抑制异味的洗涤洗剂）/ "711" 便利店

充分利用设计精巧的空瓶空罐

　　在放果酱的空瓶中装入小苏打，就可以作为去臭剂和除湿剂来进行二次利用了。可以将其放入鞋盒中或是水槽下面的收纳空间里，当需要替换新的小苏打时，旧的小苏打也可以作清扫用，不会有任何的浪费。有自己喜欢造型的空瓶子或是空罐子，可以用作笔筒或是花瓶，考虑它还能做什么也是一种快乐。

果酱瓶 / 缇树果酱

结束语

　　我认为随着家人的成长和时间的流逝，家务、工作、育儿的方式及想法也是会发生改变的，

　　也确实通过实际生活再一次感受到了，若家中有形成习惯的日常的收纳方式，就可以保持生活的正常节奏，这样简单的生活方式是多么的美好。

　　为了维持这种清爽且简单的生活，

　　要控制自己所拥有的物品的量，并努力不进行增加。

　　这样生活就不会觉得因为缺少变化而无趣，

　　也不会让生活仅依靠物品而存在，

　　因为这会促使我们在生活中多想一些创意、多下一些功夫。

　　当我把每天在博客和图享中发布的消息、温暖内心的创意总结成册时，

　　我的内心也获得了无比的欢愉。

　　通过生活、时尚、所拥有的东西、语言等，

　　可以传递一个人的价值观。

　　接下来我也希望自己可以通过自己的喜好，

　　将生活变成自己希望的样子。

希望这本书可以给阅读它的人的生活带去哪怕是一点点的变化。
若是还能帮助阅读它的人增添生活的快乐就更好了。

最后，
要感谢编辑关由香女士、摄影师加治枝里子女士
在摄影和编辑工作中所做出的贡献，辛苦了。

在此，我还要感谢参与本书的出版制作的各位朋友，
总是在博客、图享、推特中支持我、给予我温暖的朋友们，
以及通过这本书能够相识的朋友们，
谢谢各位阅读此书。
再次向大家表示诚挚的谢意。

2015 年 1 月
玛丽